"十四五"职业教育部委级规划教材

印花面料纹样设计

白志刚 ◎ 编著

中国纺织出版社有限公司

内 容 提 要

　　本书分为基础理论和项目实践两部分。基础理论部分介绍了花卉的种类及特征，面料纹样的组织形式、风格特征、表现方法、流行趋势，印花面料的类别及生产工艺流程等基本知识。项目实践部分包括服装、家纺、文创产品印花面料纹样设计三个模块，每个模块下设三个项目，每个项目按照工作流程又分为若干任务，任务中涵盖详细的设计过程和要求，可以帮助读者更好地掌握印花面料纹样设计。

　　本书可作为职业院校纺织服装类专业及其相关专业的教材，也可供纺织企业的生产技术人员和产品开发人员参考。

图书在版编目（CIP）数据

　　印花面料纹样设计 / 白志刚编著．-- 北京：中国纺织出版社有限公司，2024.3
　　"十四五"职业教育部委级规划教材
　　ISBN 978-7-5229-1482-4

　　Ⅰ.①印…　Ⅱ.①白…　Ⅲ.①印花－服装面料－纹样设计－职业教育－教材　Ⅳ.①TS194.1

　　中国国家版本馆 CIP 数据核字（2024）第 050107 号

責任编辑：范雨昕　由笑颖　　特约编辑：蒋慧敏
責任校对：高　涵　　　　　　責任印制：王艳丽

中国纺织出版社有限公司出版发行
地址：北京市朝阳区百子湾东里 A407 号楼　邮政编码：100124
销售电话：010—67004422　传真：010—87155801
http://www.c-textilep.com
中国纺织出版社天猫旗舰店
官方微博 http://weibo.com/2119887771
北京通天印刷有限责任公司印刷　各地新华书店经销
2024 年 3 月第 1 版第 1 次印刷
开本：787×1092　1/16　印张：10.75
字数：205 千字　定价：58.00 元

前　言

　　为了更好地拓展职业院校纺织品设计、服装设计、家用纺织品设计等专业的学生及纺织企业相关人员的职业技能及专业知识，我们编写了《印花面料纹样设计》一书，以期为我国纺织行业发展助力，提高我国纺织品在国际上的竞争力，促进纺织服装企业和贸易公司高质量发展。

　　本书基础理论部分详细介绍了花卉的种类及特征，面料纹样的组织形式、风格特征、表现方法、流行趋势，印花面料的类别及生产工艺流程等理论知识；项目实践部分的服装、家纺、文创产品三个印花面料纹样设计模块中，根据产品类别各设置了三个项目，每个项目按照工作流程又分为若干任务。此外，根据教学要求及重点、难点录制了与任务配套的数字化资源，同时每个项目还配置了课程思政内容，扫描相应的二维码即可观看。配套的数字化资源可以有效地支撑院校教师开展线上教学，帮助学生提高自学效果，微课视频能帮助教师实现翻转课堂的教学模式，帮助学生更好地开展课前预习和课后复习，使学生逐步掌握印花面料纹样设计知识要点，具有很强的实用性和可操作性。本书可作为职业院校纺织服装类专业、纺织品设计专业、家用纺织品设计专业及其相关专业的教材，也可供纺织企业的生产技术人员和产品开发人员参考。

　　目前，纺织品纹样设计的教材大多仅对单独纹样、二方连续纹样、四方连续纹样进行介绍，或者仅对纺织品大类纹样进行介绍，针对目前需求量更大的、更适合小单快返、柔性定制的数码印染纹样设计的教材偏少。对于非专业人员以及专业知识薄弱的学习者来说，需要一本既有纺织品纹样设计基础理论知识，又有根据印花面料纹样岗位工作流程设置有项目设计案例的教材。本书是校企"双元"合作开发的教材，采用工作手册式编写并配套数字化资源，主要具有以下特色与创新。

　　1.配套完整的数字化教学资源

　　本书配套了一系列的数字化教学资源，包括思政内容、专业知识、实践实训等，形成了完整的教学资料池，并以二维码的形式配置在书中，方便学生随时随地进行学习。在教学实践过程中，这些数字化资源根据教学设计，在课前预习、课堂教学、课后复习中与本书内容配套，可以借助学校自身的教学资源平台，使教师及时分析并掌握学生的学习情况。

2.采用工作手册式编写，充分体现企业的典型工作任务

本书根据达利集团、海宁家纺协会所属企业等的典型工作岗位进行内容设计，根据典型工作岗位的任务设置学习情境、学习任务等过程和环节。全面系统地将印花面料纹样设计基础理论知识以及设计任务分析、素材调研、花型设计、结构设计、配色、效果图应用等具体工作流程等内容进行清晰展示，帮助学生全面掌握印花面料纹样设计的全过程。

由于作者水平所限，书中难免存在不足之处，敬请广大读者批评、指正。

编著者

2023年6月

目　录

第一部分
基础理论

◎ **教学目标**

（1）了解不同花卉的形态、颜色、纹理等特征，为花型纹样的设计提供参考和灵感。

（2）掌握花型纹样的组织形式及构图规律，为设计提供不同的组织方式。

（3）了解不同花型纹样的风格，为设计提供不同的风格选择。

（4）掌握不同花型纹样的表现方法，为设计提供不同的表现手法。

（5）了解当前花型及色彩的流行趋势，为设计提供时尚的参考和灵感。

（6）了解不同印花面料的类别和生产工艺，为设计提供实际可行的方案和建议。

（7）培养学生获取和利用信息资料及学习、创新能力。

（8）培养学生独立思考问题及分析、判断、决策能力。

（9）培养学生交流和团队合作的能力。

（10）培养学生爱岗敬业的社会责任感。

（11）培养学生的爱国主义情怀。

课程教学目标

1

◎ 知识导图

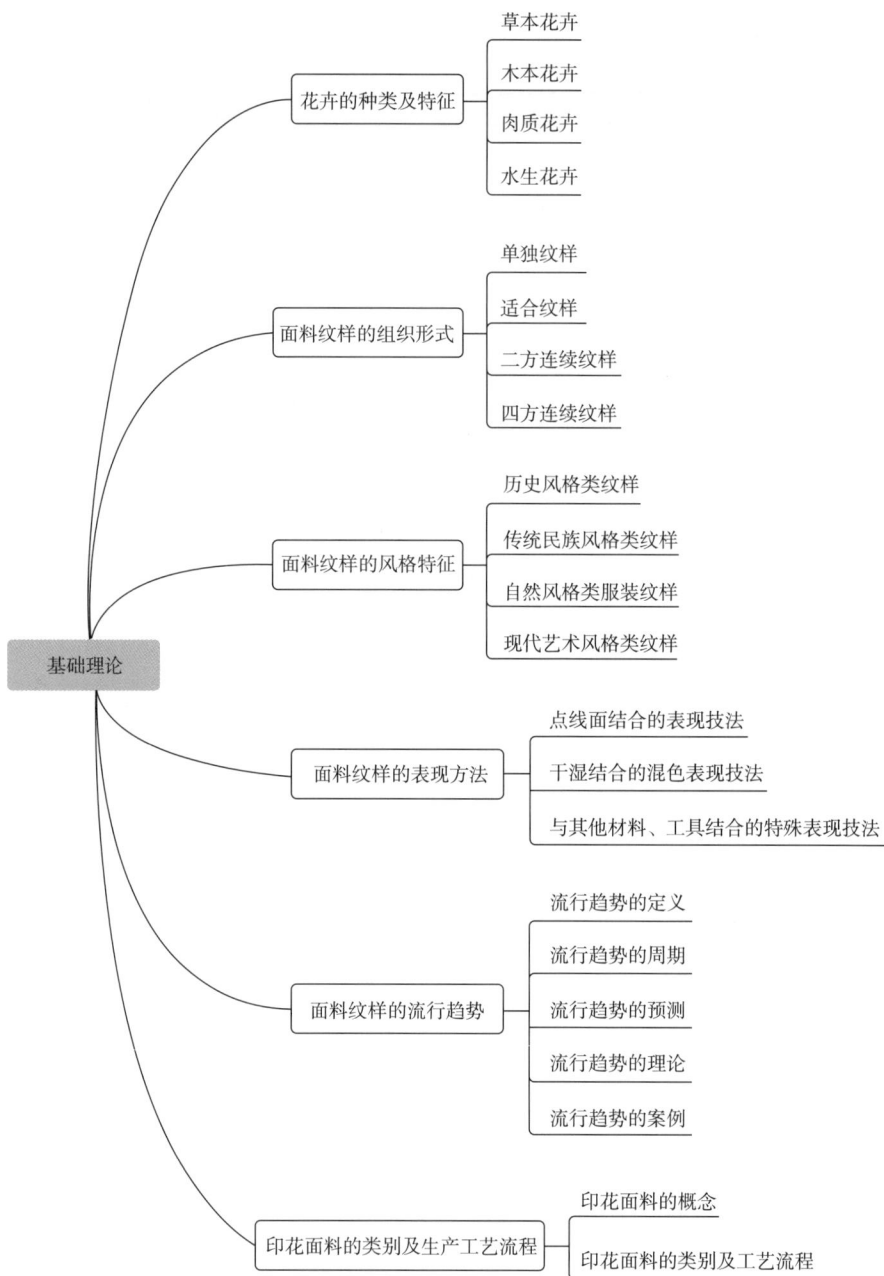

◎ **知识要点**

（1）花卉的种类及特征。

（2）面料纹样的组织形式。

（3）面料纹样的风格特征。

（4）面料纹样的表现方法。

（5）面料纹样的流行趋势。

（6）印花面料的类别及生产工艺流程。

花卉的种类及特征中草本、木本植物在印花面料纹样中较为常见，纹样组织形式中的四方连续是匹布面料较常用的连续纹样，花型纹样的风格中东方的中式风格更为重要，表现方法中点线面结合是表现方法的基础。流行趋势的产生原理，数码喷绘印染工艺，环保、高效、节能、快速生产的新工艺，是该章节的知识要点。

○ 绪论

在自然界，我们往往被各种花卉的美所感染，它们的每一个花瓣、每一片叶子总是以最饱满的状态呈现在我们面前，传递着花卉与风雨雷电抗争后的张力，体现着生命的力量，色彩的渐变或是纯净恬淡，或是对比热烈。在纺织面料的纹样中，花卉这一设计题材在印花面料纹样中的占比达70%以上，这也反映出人们以花寄情，表达热爱自己、追求美好生活的愿望与心情。印花面料纹样设计的花型往往需要从自然界中提炼并经设计完成。设计师首先对自然界中的花卉进行写生、提炼、着色，打印在面料上，再经服装或家纺设计师裁剪、制作形成服装或家纺等终端产品，最后投放市场。图1-0-1所示为印花面料设计过程。

图1-0-1 印花面料设计过程

从设计的过程来看，纺织面料纹样设计师是美的发现者、创造者和传播者。

学习印花面料纹样设计后，可以从事以下职业：

（1）印花设计师：负责设计印花面料的图案、颜色和排列方式，为服装、家居、鞋帽、箱包等行业提供印花面料设计方案。

（2）印花工艺师：负责印花面料的制作工艺，包括印花机的操作、印花材料的选择和处理等。

（3）印花生产管理：负责印花面料的生产管理，包括生产计划、生产流程、质量控制等。

（4）印花销售：负责印花面料的销售和市场推广，为客户提供印花面料的选择和设计建议。

（5）自主创业：开设印花面料设计工作室或印花面料生产厂家，为市场提供印花面料设计和生产服务。

课程概述

纺织面料设计师这一新职业于2007年4月底由劳动和社会保障部（现人力资源和社会保障部）正式向社会发布。纺织面料设计师分为面料织物组织设计师、针织面料设计师和面料纹样设计师三个岗位方向。面料纹样设计师是指负责设计纺织面料的图案、颜色和纹理等方面的专业人员。他们需要了解面料的材质、结构、性能和加工工艺等知识，掌握面料的设计原理和技巧，能够根据市场需求和时尚趋势，设计出符合市场需要的面料。同时，他们还要与面料生产厂家合作，确保面料的质量和效果。印花面料纹样设计是纺织面料设计师的部分工作内容，更多地关注印花面料纹样的设计及相关内容。

纺织面料设计师的工作内容包括：

（1）研究市场需求和时尚趋势，设计出符合市场需要的面料。

（2）需要具备良好的审美能力和创意能力，设计面料的图案、颜色和纹理等方面，确保面料的美观性和实用性。

（3）了解面料的材质、结构、性能和加工工艺等知识，确保花型与面料匹配。

（4）跟踪市场销售和反馈情况，不断改进和完善面料设计。

（5）与面料生产厂家合作，了解面料的生产加工过程，确保面料的质量和效果。

纺织面料设计师的职业发展路径可以分为以下几个阶段：

（1）初级设计师：在纺织面料设计领域有一定的基础知识和技能，能够完成一些简单的面料设计任务。

（2）中级设计师：具备较为丰富的面料设计经验和技能，能够独立完成复杂的面料设计任务，并能够指导初级设计师。

（3）高级设计师：在面料设计领域有着深厚的专业知识和丰富的设计经验，能够独立完成高难度的面料设计任务，并能够指导和培养中级和初级设计师。

（4）设计主管：负责面料设计团队的管理和协调工作，制订面料设计方向和策略，推动团队的创新和发展。

（5）设计总监：负责整个公司或品牌的面料设计工作，制订面料设计的整体策略和方向，推动公司或品牌的创新和发展。

图1-0-2所示为纺织面料设计师设计的面料。

纺织面料设计师可以通过不断学习和积累经验，提升自己的职业水平和技能，逐步晋升到更高级别的职位。同

图1-0-2 纺织面料设计师设计的面料

时，也可以通过参加行业协会、参加设计比赛、发表论文等方式，扩展自己的人脉和影响力，提高自己的知名度和竞争力。

◎ **习题**

1.学习印花面料纹样设计课程后，可从事哪些工作岗位和具备哪些职业能力？

2.如何通过纹样的设计来传播我国优秀传统文化？

○ 知识点一 / 花卉的种类及特征

世界色彩纷呈，充满花香，几乎所有的人都喜欢花卉。赞美姑娘时会说像花儿一样，心情愉悦时会说心花怒放，无论何时何地，总是希望有鲜花陪伴于身旁。花卉的品格各具特色，有的鲜丽，有的馨香；有的富贵迷人，有的傲立寒霜；有的柔情蜜意，有的带刺也能让人的玉手轻轻带伤……它们的风格迥异、千姿百态，构成了丰富多彩的大千世界。花卉通人性，人也通花性，人与花之间的心灵契合，造就了人与花卉的情感沟通，借花寄情、借花抒情也应运而生。在印花面料纹样设计中，70%以上的设计题材都以花卉为主，这也反映出人们以花寄情，表达热爱自己、追求美好生活的愿望与心情。

在表现花卉设计素材之前，首先要了解花卉的分类和常见花卉的生长规律，进而了解纹样的变化规律，掌握纹样的表现技法，最终实现印花面料纹样设计。

根据花卉的形态特征、生长习性及栽培方式，将花卉分为草本、木本、肉质和水生花卉四大类。

花卉的结构与
种类

一、草本花卉

草本花卉的茎、木质部不发达，支持力较弱，称草质茎，如菊花、鹤望兰、虞美人、白鹤芋。草本花卉分为一年生、二年生和多年生草本花卉。

1.一年生草本花卉

当年内完成其生活史，通常春播，夏秋开花，结实后枯死，寿命只有一年。常见一年生草本花卉有半支莲、万寿菊、牵牛花、凤仙花等。

半支莲：花冠颜色通常为紫蓝色，花冠长 9～13mm，外部被短柔毛覆盖，内部在喉部有稀疏的柔毛。冠筒基部较大，向上逐渐变宽。冠檐为二唇形，上唇呈盔状，为半圆形，下唇的中裂片为梯形，4枚雄蕊，其中前对较长，后对较短，内藏细长花柱，先端锐尖，花盘为盘状，前方隆起，后方延伸成短子房柄，如图1-1-1所示。

万寿菊：半球形的花朵，花瓣重重叠叠，颜色金黄且鲜艳，给人一种叶绿花艳、黄绿交辉的视觉效果，非常耀眼且赏心悦目。它的管状花花冠也是黄色，顶端有5齿裂，如图1-1-2所示。

图 1-1-1　半支莲　　　　　　　　　　图 1-1-2　万寿菊

牵牛花：缠绕草本植物，单一或两朵花着生于花序梗的顶端。花朵有着漏斗状的花冠，颜色多变，常见的有蓝紫色和紫红色，花冠管是白色。花瓣中心呈现出五角星状，在白色的筒部里，可以探出几个袅娜的芯蕊。当花朵闭合时，会形成一个锥筒状，如图 1-1-3 所示。

凤仙花：花朵通常单生或两三朵簇生于叶腋，花瓣的颜色多样，包括白色、粉红色、紫色等，花瓣有单瓣和重瓣之分。苞片呈线形，位于花梗的基部。侧生萼片为卵形或卵状披针形，唇瓣则呈深舟状，如图 1-1-4 所示。

图 1-1-3　牵牛花　　　　　　　　　　图 1-1-4　凤仙花

2.二年生草本花卉

跨年度完成其生活史，通常秋播，第一年生长季（秋季）仅长营养器官，到第二年生长季（春季）开花，结实后枯死。

风铃草：株高通常为 50~120cm，全株具有多毛的特点。茎部粗壮且直立，基部生有叶丛。叶形为卵形至倒卵形，叶缘具有波状钝锯齿，表面粗糙，叶柄则具有翅。

风铃草的花朵通常为小花 1~2 朵聚生成总状花序，花色有白、蓝或紫等色，花冠呈钟形，长度约为 6cm，五裂，基部稍膨大。花萼上生有刚毛状纤毛，并与子房贴生，裂片为 5 枚。雄蕊着生于花筒基部，花丝基部扩大成片状，花药为长棒状，如图 1-1-5 所示。

金盏花：全株被毛，株高为 30 ~ 60cm，茎部为长圆状披针形，有柄，叶子互生，形状为长圆状倒卵形或匙形，边缘有波状细齿。花朵单生于茎的顶端，形成头状花序，直径

4～5cm，总苞片有1～2层，形状为披针形或长圆状披针形，外层的苞片稍长于内层，顶端渐尖，如图1-1-6所示。

图1-1-5 风铃草　　　　　　　　　图1-1-6 金盏花

三色堇：每朵花都有紫、白、黄三色，故名三色堇。三色堇的茎高通常为10～40cm，全株光滑。叶片呈卵形或长圆形，具有长柄。每个茎上有3～10朵花，花大，直径约3.5～6cm，花梗稍粗，单生于叶腋，上部具有2枚对生的小苞片，小苞片极小，呈卵状三角形，如图1-1-7所示。

紫云英：高可达30cm，具有奇数羽状复叶，叶柄较叶轴短。托叶离生，小叶倒卵形或椭圆形，先端钝圆或微凹，基部宽楔形，花朵特征为总状花序，呈伞形，有5~10朵花，花梗短，苞片为三角状卵形，花萼钟状，萼齿披针形，花冠呈紫红色或橙黄色，旗瓣倒卵形，瓣片长圆形，如图1-1-8所示。

图1-1-7 三色堇　　　　　　　　　图1-1-8 紫云英

3.多年生草本花卉

生活期比较长，通常多次开花结果，寿命均在两年以上。

玉簪：花葶高度为40～80cm，几朵到十几朵花。花序为总状花序，花朵单生或2～3朵簇生，长约为10～13cm。花色为白色，玉簪的外苞片为披针形或卵形，而内苞片相对较小。花被为钟状，顶端三裂，裂片长约为6～10cm，宽约1.5～3cm，如图1-1-9所示。

大丽花：花朵有菊形、莲形、芍药形、蟹爪形等多种形状，其中花朵直径最小的类似酒盅口大小，而最大的可以达到30多厘米。大丽花的颜色也非常丰富，不仅有红、

9

黄、橙、紫、淡红和白色等单色，还有多种更为绚丽的色彩。大丽花的花瓣排列得十分整齐，自然奔放且富有浪漫色彩。此外，大丽花也有一些花瓣卷曲多变的品种，如图 1-1-10 所示。

图 1-1-9　玉簪

图 1-1-10　大丽花

　　文竹：茎柔软丛生，伸长的茎呈攀缘状，具有细长的叶状枝，叶退化成抱茎的鳞片状，淡褐色，着生于叶状枝的基部。主茎上的鳞片多呈刺状，如同松针一般，精巧美丽。文竹的花序呈长形穗状，通常伸出植株的叶尖部分。花序上有多个小花，每个小花都有花瓣和雄蕊。花瓣呈白色或淡黄色，如图 1-1-11 所示。

　　美人蕉：地上茎丛生，叶片为卵状长圆形，长约 10~30cm，宽约达 10cm，美人蕉的花型单生或对生，有时为总状花序，花大，红色，有时为黄色或白色，单瓣或重瓣，有香味。苞片为卵形，绿色，长约 1.2cm。萼片为绿白色，先端带红色，长约 1cm。花冠为红色，退化雄蕊为鲜红色，其中 2 枚呈倒披针形，另一枚如存在则特别小。唇瓣为弯曲的披针形，如图 1-1-12 所示。

图 1-1-11　文竹

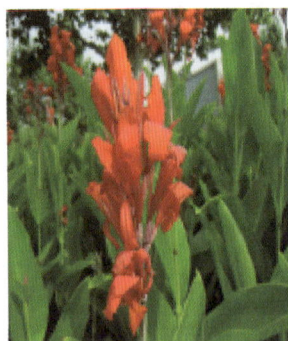

图 1-1-12　美人蕉

二、木本花卉

　　花卉的茎木质部发达，称木质茎花卉，也称木本花卉。木本花卉主要包括乔木、灌木、藤木三种类型。木本花卉有牡丹、桃花、扶桑、茉莉花。

牡丹：茎高达2m，分枝短而粗，也通常为二回三出复叶。花单生枝顶，苞片长椭圆形，如图1-1-13所示。

桃花：叶椭圆状披针形，叶缘有粗齿锯。花单生，重瓣或半重瓣，如图1-1-14所示。

图1-1-13 牡丹　　　　　　　　　　图1-1-14 桃花

扶桑：扶桑是中国名花，花期长，几乎终年不绝。叶似桑叶，也有圆叶，喇叭状花朵，有单生和重瓣，如图1-1-15所示。

茉莉花：叶对生，单叶，叶片纸质，圆形、椭圆形、卵状椭圆形或倒卵形。聚伞花序顶生，如图1-1-16所示。

图1-1-15 扶桑　　　　　　　　　　图1-1-16 茉莉花

三、肉质花卉

肉质花卉的茎生长肥大，含水分较多，呈肉质。

玉露：植物初为单生，以后逐渐呈群生状。肉质叶排列成莲座状，顶端有细小的"须"。松散的总状花序花，小花白色，有绿色纵条纹，如图1-1-17所示。

仙人掌：上部分枝，宽倒卵形或近圆形。边缘通常为不规则波状，成长后刺常增粗增多，如图1-1-18所示。

图1-1-17　玉露　　　　　　　　　　　　　图1-1-18　仙人掌

四、水生花卉

水生花卉叶子柔软而透明，茎强韧，根系发达，植物具有发达的通气组织，能在水中生长。

荷花：叶盾圆形，花单生于花梗顶端，花瓣多数，如图1-1-19所示。

水仙：伞状花序，叶狭长，花瓣处呈鹅黄色，花蕊外有如碗一般的保护罩，如图1-1-20所示。

图1-1-19　荷花　　　　　　　　　　　　　图1-1-20　水仙

◯ 知识点二 / 面料纹样的组织形式

面料纹样的组织形式是指纹样在面料上的排列方式和布局形式，包括单独纹样、适合纹样、二方连续纹样和四方连续纹样。

花型纹样的
组织形式

一、单独纹样

单独纹样是指在设计中使用独特的图案或图形，以增强设计的视觉吸引力和个性化。这些纹样可以是几何形状、自然元素、抽象图案或其他类型的图案。单独纹样可以用于各种设计项目，通过使用单独纹样，设计师可以为设计添加独特的风格和个性，使其与其他设计区分开来。单独纹样也可用作适合纹样和连续纹样的单位纹样，作为图案的基本形式，单独纹样从布局上分为对称式和均衡式两种形式。

1. 对称式

对称式又称均齐式（图1-2-1）。它的特点是以假设的中心轴或中心点为依据，使纹样左右、上下对翻（对称）或四周等翻（对称）。对称式图案结构严谨丰满、工整规则，可再细分为绝对对称和相对对称两种组织形式。

2. 均衡式

均衡式又称平衡式（图1-2-2）。它的特点是不受对称轴或对称点的限制，结构较自由，但要注意保持画面重心的平稳。这种图案主体突出、穿插自如、形象舒展优美、风格灵活多变且运动感强。

图1-2-1　对称式

图1-2-2　均衡式

二、适合纹样

将形态限制在一定的空间内，整体形象呈某种特定轮廓的一种装饰纹样。适合纹样外形完整，内部结构与外形巧妙结合，也常独立应用于服装服饰以及造型相应的工艺美术上（图1-2-3）。

图1-2-3　适合纹样

适合纹样

三、二方连续纹样

二方连续纹样又称带状图案（图1-2-4），是由一个单位纹样，向上下或左右两个方向反复连续而形成的纹样。二方连续的组织骨式变化极为丰富，一般可分为八种不同的排列骨式，这些排列骨式还可以相互组合，形成更复杂的二方连续纹样。

图1-2-4　二方连续纹样

二方连续纹样

1. 散点式

单位纹样一般是完整而独立的单独纹样，以散点的形式分布开来，之间没有明显的连接物或连接线，简洁明快，但易显得呆板生硬。可以用两三个大小、繁简有别的单独纹样组成单位纹样，产生一定的节奏感和韵律感，装饰效果更生动（图1-2-5）。

图1-2-5　散点式

2. 直立式

有明确的方向性，可垂直向上或向下，也可以上下交替（图1-2-6）。

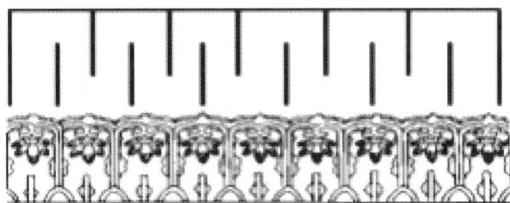

图1-2-6　直立式

3. 倾斜式

倾斜排列，有并列、穿插等形式；以折线得到倾斜式排列，有直角、锐角和钝角的排列方式。整体效果干脆利落（图1-2-7）。

图1-2-7　倾斜式

4. 波浪式

单位纹样之间以波浪状曲线起伏做连接，其他纹样依附波浪线，分为单线波纹和双线波纹两种，可同向排列，也可反向排列。具有明显的向前推进的运动效果，连绵不断、柔和顺畅。节奏起伏明显，动感较强（图1-2-8）。

图1-2-8　波浪式

5. 水平式

以一条或几条水平线做反复连续骨架，由于出现反复连续的水平线使图形风格更加平静稳定，具有静态的美感（图1-2-9）。

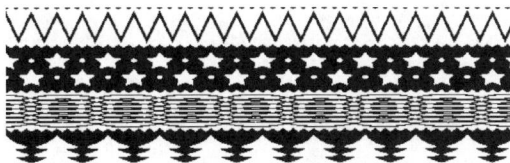

图1-2-9　水平式

6. 一整二破式

中心位置有一个完整形，上下或者左右各有一个半破形，以此组合为单元体排列（图1-2-10）。

图1-2-10　一整二破式

7. 折线式

单位纹样之间以折线状转折做连接，直线形成的各种折线边角明显，刚劲有力（图1-2-11）。

图1-2-11　折线式

8. 旋转式

单位纹样不断旋转，以此反复排列所形成的构图形式（图1-2-12）。

图1-2-12　旋转式

9. 综合式

将二方连续纹样中的基本单元圆形、菱形、多边形等几何形相互连接，以不同的设计手法或技巧将它们结合起来，相互补充，使不同的单位纹样之间形成一种和谐而统一的整体效果。

设计时要注意正形（图案中的主要形状或元素）和负形（背景或围绕正形的空白部分面积的大小和色彩搭配），以确保它们在视觉上达到平衡与和谐（图1-2-13）。

图1-2-13　综合式

四、四方连续纹样

　　四方连续纹样是指一个单位纹样向上下左右四个方向反复连续循环排列所产生的纹样。这种纹样节奏均匀、韵律统一、整体感强，在生活中应用广泛。设计时要注意单位纹样之间连续后不能出现太大空隙，以免影响大面积连续延伸的装饰效果（图1-2-14）。

图1-2-14　四方连续纹样

四方连续纹样

　　按基本骨式变化分，四方连续纹样主要有以下三种组织形式：

1. 散点式四方连续纹样

　　散点式四方连续纹样是一种在单位空间内均衡地放置一个或多个主要纹样的四方连续。这种形式得到的纹样一般比较突出，形象鲜明，纹样分布可以较均匀齐整、有规则，也可以自由、不规则。但要注意的是，单位空间内同形纹样的方向可做适当变化，以免过于单调呆板。

　　（1）平排法：单位纹样中的主纹样沿水平方向或垂直方向反复出现。设计时可以根据单位中所含散点数量等分单位各边，分格后依据一行一列一散点的原则填入各散点即可，如图1-2-15所示。

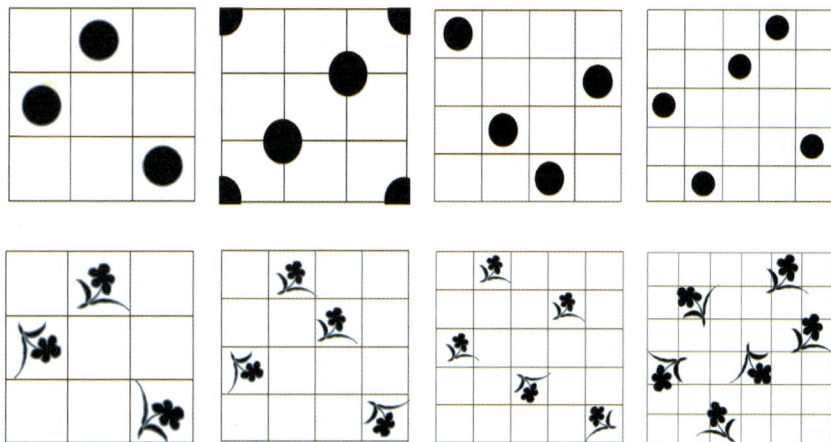

图1-2-15　一行一列一散点排列法

用对角线开刀的方法设计四方连续纹样。首先用剪刀沿单位纹样的对角线剪开，把左下角剪开的纹样水平向右移动，与右边纹样部分的竖线吻合，在吻合线部分增加设计的纹样。把右边剪开的三角形移到左边三角形纹样的上边，使两个三角形的上下水平线吻合，然后在吻合线处画上设计的纹样。把上边的三角形垂直移到左下，形成一个可以循环的单位纹样，把这个完成的单位纹样上下左右排列，就可以形成一个四方连续纹样（图1-2-16）。

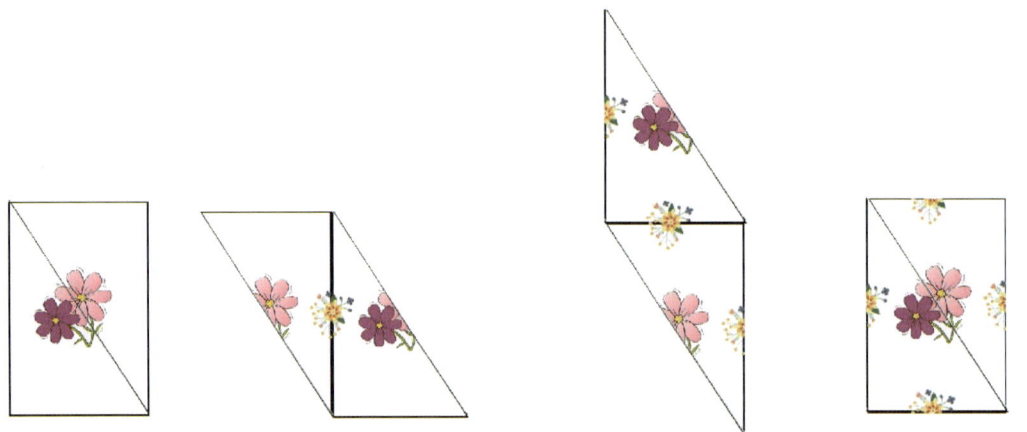

（a）用剪刀沿单位纹样的对角线剪开

（b）把左下角剪开的纹样水平向右移动，与右边纹样部分的竖线吻合，在吻合线部分增加设计的纹样

（c）把右边剪开的三角形移到左边三角形纹样的上边，使两个三角形的上下水平线吻合，然后在吻合线处画上设计的纹样

（d）把上边的三角形垂直移到左下

（e）把这个完成的一个单位的循环纹样上下左右排列，形成四方连续纹样

（f）完成的四方连续纹样

图1-2-16 对角线开刀法

（2）斜排法：单位纹样中的纹样沿斜线反向反复出现，又称阶梯错接法或移位排列法，可以是纵向不移位而横向移位，也可以是横向不移位而纵向移位。由于倾斜角度不同，有1/2、1/3等错位斜接方式。具体制作时可以预先设计好错位骨架再填入单位纹样，如图1-2-17所示。

1/2错位斜接　　　　　　1/3错位斜接

图1-2-17　斜排法

（3）斜排错位开刀法：也可以用错位开刀法一边设计错位线，一边添加、完善单位纹样，如图1-2-18所示。

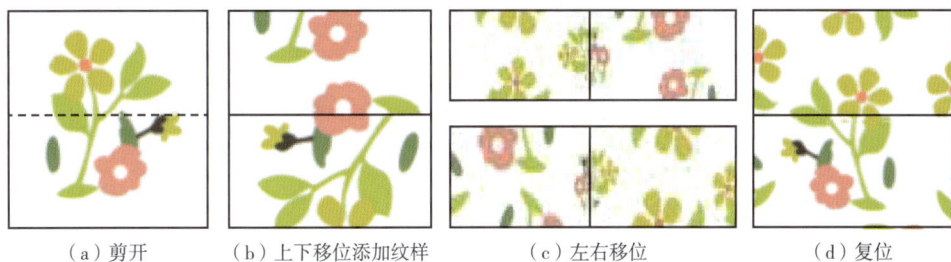

（a）剪开　　　　（b）上下移位添加纹样　　　　（c）左右移位　　　　（d）复位

图1-2-18　斜排错位开刀法

2.连缀式四方连续纹样

连缀式四方连续纹样是一种单位纹样之间以可见或不可见的线条、块面连接在一起，产生很强烈的连绵不断、穿插排列的连续效果的四方连续纹样。常见的有波线连缀、几何连缀、菱形连缀、阶梯连缀、接圆连缀等。

（1）波线连缀：以波浪状的曲线为基础构造的连续性骨架，使纹样显得流畅柔和、典雅圆润（图1-2-19）。

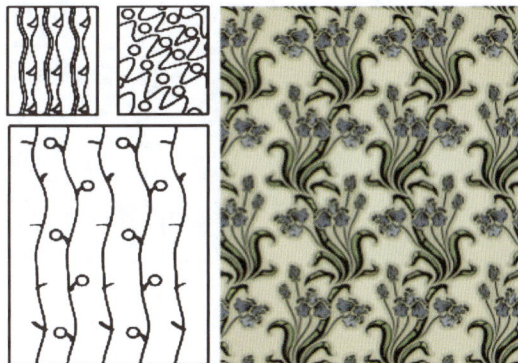

图1-2-19　波线连缀式四方连续纹样

（2）几何连缀：以几何（方形、圆形、梯形、菱形、三角形、多边形等）为基础构成的连续性骨架，若单独做装饰，显得简明有力、齐整端庄，再配以对比强烈的鲜明色彩，则更具现代感；若在骨架基础上添加一些适合纹样，会丰富装饰效果，细腻含蓄，耐人寻味（图1-2-20）。

图1-2-20　几何连缀式四方连续纹样

3.重叠式四方连续纹样

重叠式四方连续纹样是两种不同的纹样重叠应用在单位纹样中的一种形式，一般把这两纹样分别称为"浮纹"和"地纹"。应用时要注意以表现浮纹为主，地纹尽量简洁以免层次不明、杂乱无章。如同形重叠的四方连续纹样。

同形重叠又称影纹重叠（图1-2-21），通常是散点与该散点的影子重叠排列，为了取得良好的影子变幻效果，浮纹与地纹的方向和大小可以完全不一致。

图1-2-21　同形重叠式四方连续纹样

○ 知识点三

面料纹样的风格特征

面料纹样的风格是指面料上的图案、花纹、纹理等设计风格。面料纹样的风格可以分为历史风格类纹样、传统民族风格类纹样、自然风格类纹样、现代艺术风格类纹样四大类。

一、历史风格类纹样

1. 原始风格面料纹样

原始风格面料纹样是指受到原始文化和艺术风格影响的服饰图案。这些图案通常具有简单、粗犷、原始的特点，常常以动物、几何形状、植物和人物等为主题，用原始的手工技艺制作而成。这些图案在现代纺织服饰设计中也常常被运用，以表达对原始文化和自然的敬意和追求，如图1-3-1所示。

历史风格类纹样

图1-3-1　原始风格面料纹样

2. 古埃及风格面料纹样

古埃及纹样是享有世界盛名的极有特征的图案，它是古埃及人生活的一部分，是古埃及人杰出的创造，如图1-3-2所示。

图1-3-2　古埃及风格面料纹样

3.巴洛克风格面料纹样

巴洛克风格面料纹样是指受到巴洛克艺术风格影响的面料纹样。巴洛克风格是一种17~18世纪初期的欧洲艺术风格,以华丽、富丽堂皇、装饰繁复为特点。巴洛克风格面料纹样通常采用大量的曲线、卷曲、花卉、叶子等装饰元素,以及丰富的色彩和金属线等材料的运用,营造出华丽、奢华的效果。这种面料常用于制作高档服装、窗帘、床上用品等家居装饰品(图1-3-3)。

图1-3-3　巴洛克风格面料纹样

4.洛可可风格面料纹样

洛可可风格面料纹样是指一种受18世纪法国洛可可艺术风格影响的面料纹样。这种纹样通常采用浅色调，以花卉、叶子、藤蔓等自然元素为主题，呈现柔和、优雅、浪漫的风格。常见的洛可可风格面料纹样包括花卉、卷曲的叶子、藤蔓、羽毛、蝴蝶等。这种纹样常用于室内装饰、家居用品、服装等领域（图1-3-4）。

图1-3-4　洛可可风格面料纹样

5. 莫里斯风格面料纹样

莫里斯风格面料纹样是以英国工艺美术运动领导人威廉·莫里斯的名字命名的。他在棉印织物、壁纸设计以及挂毯设计、刺绣等面皮设计领域，表现出独特的设计理念和思维。莫里斯纹样常常以植物、花卉、动物等自然元素为主题，色彩鲜艳、线条流畅，具有浓郁的英国乡村风情。平涂勾勒的花朵、茎藤、树叶，曲线层次分解穿插、排序紧密，具有强烈的装饰意味。莫里斯的设计风格对当代的纺织品、家居装饰等领域产生了深远影响（图1-3-5）。

图1-3-5　莫里斯风格面料纹样

6. 新艺术风格面料纹样

新艺术风格面料纹样是指在20世纪初期流行的一种装饰风格,它强调了艺术性和装饰性,通常使用大胆的几何图案和强烈的色彩对比。面料纹样通常包括抽象的几何形状、花卉和动物图案。它们都受到日本装饰风格,特别是日本江户时期的艺术与装饰风格及浮世绘的影响。这种风格的面料纹样在时装、家居装饰和艺术品中都很常见(图1-3-6)。

图1-3-6 新艺术风格面料纹样

二、传统民族风格类纹样

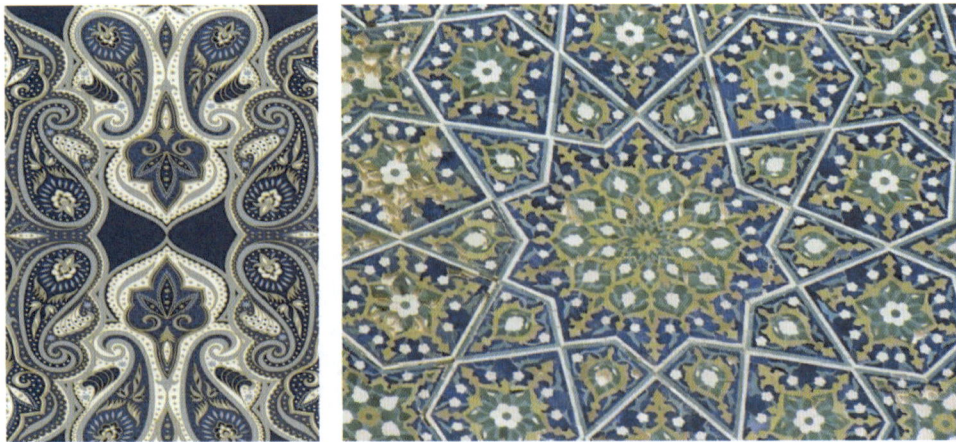

1. 阿拉伯风格面料纹样

在纹样艺术上,阿拉伯吸取并发扬了西洋棕叶卷草纹的曲线风格和萨珊王朝波斯纹样的象征性。阿拉伯纹样是一种植物纹,由曲线几何纹变化而来,如棕叶卷草纹,在阿拉伯艺术家笔下,逐渐演变成一种富有流动性的抽象卷草纹,如图1-3-7所示。

传统民族风格
类纹样

图1-3-7 阿拉伯风格面料纹样

2. 印度纱丽风格面料纹样

纱丽是一块方形衣料，无须针线缝制，以披挂、缠绕的方式穿着。其纹样汲取了阿拉伯与波斯纹样的生动壮美、纤丽精致之风，显得富贵堂皇。纱丽传统纹样题材起源于生命树的信仰。石榴、百合、菠萝、蔷薇、玫瑰和菖蒲，经过高度的概括、提炼，用图案化的手法表现，用卷枝、折枝等形式把纹样连续化。纱丽纹样清晰、活泼、典雅、瑰丽、造型优美、对比强烈，极有装饰韵味（图1-3-8）。

图1-3-8　印度纱丽风格面料纹样

3. 中国吉祥风格面料纹样

中国吉祥风格面料纹样是指在中国传统文化中常见的吉祥图案和符号，如龙凤、麒麟、莲花、"寿"字、"福"字等，以及中国传统的云纹、水波纹、亭台楼阁等元素，运用在面料纹样中，形成的一种具有中国传统文化特色的装饰风格。这种风格的面料纹样通常使用鲜艳的颜色，强调线条的流畅和对称，寓意着吉祥如意、幸福安康、长寿富贵等美好愿望。这种风格的面料纹样在中国传统服装、家居装饰、礼品等领域都有广泛的应用（图1-3-9）。

图1-3-9　中国吉祥风格面料纹样

4. 日本友禅风格面料纹样

友禅纹样是日本和服重要的装饰。相传元禄时代（1688—1704）的扇绘师宫崎友禅在流传自江户时代的染色技法基础上，创造了手描"友禅"，是以糊置防染印花方法为主而形成的印染技法之一，友禅这一名称也正是由此而来。大多数友禅纹样都是以复合形式出现，其表现方式又是多样的，印染、手描、刺绣、扎染、蜡染、揩金等手段相结合。植物图案与几何图案同时出现在同一图案之中。友禅纹样的题材极为丰富，松鹤、扇面、樱花、龟甲、红叶、青海波、竹叶、秋菊等。樱花是友禅纹样的主角，其转瞬即逝的淡泊、柔弱含蓄之美与日本人心有灵犀。通常使用柔和的颜色，强调细腻和自然，寓意着自然美、和谐共处、人与自然的融合等美好愿望。这种风格的面料纹样在日本传统服装、披肩、围巾、家居装饰等领域都有广泛的应用（图1-3-10）。

图1-3-10　日本友禅风格面料纹样

5. 非洲康茄风格面料纹样

康茄纹样起源于19世纪中叶的东非斯瓦希里民族，是非洲服饰上的一种典型图案。在纹样题材上，主要有写意的花卉图案题材，概括简练、丰满端庄、勾线精细、色彩艳丽，空地部分饰以不规则点纹；几何图案题材，有辐射形及各种图形；佩兹利纹样题材，在其中运用极广；景物图案题材。康茄图案由边框、角隅和中心图案构成。传统的康茄图案多以半写意花卉居多，现今内容涉及家禽、肖像、风景等。康茄纹样长方形地纹的表现方式具有的特征包括规律性的散点纹样、折线纹样及网格纹样等。图案讲究块面感，粗犷明快，用色基本不超过四套色，但如果采用较复杂的印染工艺印制，也可以增加图案的套色（图1-3-11）。

图1-3-11　东非康茄风格面料纹样

6. 印加风格面料纹样

印加文明与玛雅文明、阿兹特克文明并称为"印第安三大古老文明"。印加人的纺织技术也达到较高水平。美洲图案艺术在典型代表形式上，用直线或直线构成的三角形、菱形或多边形等几何结构组合内容上的各种动物、植物与人物图案纹样形式；常见有美洲狮、虎等，还有原始的工字纹、十字纹、雷纹等，且用色简单多用原色。在高山及沿海地区所有的衣料都是由羊毛制成的，而且这些羊毛将被染上明亮的色彩，这些羊毛制品常常是条纹状的，并且很简朴，但是有一些很复杂的图案（图1-3-12）。

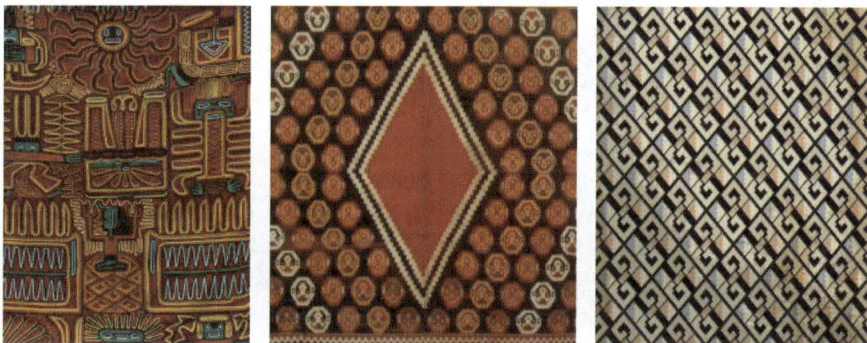

图1-3-12　印加风格面料纹样

7. 夏威夷风格面料纹样

夏威夷风格面料纹样是指源自夏威夷文化的装饰风格，通常包括鲜艳的色彩和大胆的图案。面料纹样常常使用大型的花卉、棕榈树、海洋生物、太阳、月亮等元素，以及夏威夷传统的图腾、几何图案等。通常使用明亮的颜色，如红色、黄色、蓝色、绿色等，强调夏威夷的阳光、海滩和热带气息。这种风格的面料纹样在夏威夷传统服装、沙滩装、泳装、家居装饰等领域都有广泛的应用（图1-3-13）。

图1-3-13　夏威夷风格面料纹样

8.佩兹利风格面料纹样

佩兹利纹样诞生于古巴比伦，兴盛于波斯和印度。它的图案是来自菩提树叶或海藻树叶。也可以从芒果、切开的无花果、松球结构上找到它的影子。佩兹利的装饰特征为细线，重视细节。牙齿状边缘是常用的装饰。其柔曲灵动的造型始终能产生舒适优雅的视觉美感，因而形成一种经久不衰的染织花型的图案，被广泛地用于披肩、服饰以及家用纺织品面料等各个领域。人们今天看到的佩兹利纹样是一个极具审美意味的抽象形，它头圆尾尖，有着纤巧灵动的曲线外观，是简洁的、概括的，也是极易辨认的（图1-3-14）。

图1-3-14　佩兹利风格面料纹样

三、自然风格类服装纹样

1.植物花草类风格纹样

植物花草类风格纹样是一种深受人们喜爱的艺术形式，它通过对自然界中的花草进行提炼、夸张和简化，抓住其外形特征，进行适当的取舍修饰，使其更加生动、完美。这类纹样的题材广泛且多样，同时，其纹样结构也丰富多变。

自然风格类
服装纹样

　　植物花草类风格纹样的题材包括花卉题材，如各种常见的牡丹、菊花、荷花、玫瑰等，这些花卉因其美丽的形态和丰富的色彩，常被用作纹样的主要元素。以各种草叶为表现对象的草叶题材，如竹叶、柳叶、麦穗等，这些草叶形态各异，线条流畅，适用于装饰和点缀。果实题材，如苹果、葡萄、樱桃等，这类题材通常寓意丰收和富饶，给人以喜悦和满足的感觉。树木题材，如松树、柏树、柳树等，树木题材的形态和纹理各异，为纹样设计提供了丰富的素材（图1-3-15、图1-3-16）。

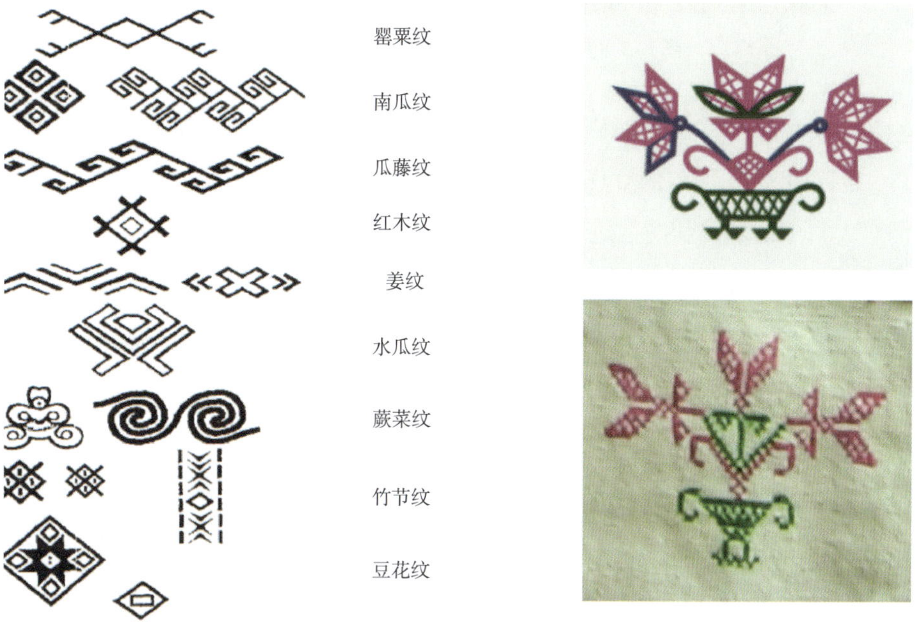

罂粟纹

南瓜纹

瓜藤纹

红木纹

姜纹

水瓜纹

蕨菜纹

竹节纹

豆花纹

图1-3-15　植物花草类风格纹样

图1-3-16　彝族藤条花纹

植物花草类风格纹样的结构包括以一个单独的花草形象作为纹样的主体的单独纹样，通过重复和排列花草形成的连续纹样（图1-3-17），以及以花草形象的对称轴为中心，进行左右或上下对称设计的对称纹样。

图1-3-17　重复和排列花草形成的连续纹样

植物花草类风格纹样的题材广泛多样，结构灵活多变，设计师可以根据不同的需求和审美观念，创作出各具特色的纹样作品。这些纹样作品不仅具有装饰性和艺术性，还能传递出人们对大自然的热爱和向往之情。

2. 自然气象类风格纹样

象征自然的纹样主要是自然气象类纹样，常见题材有火纹、云纹、太阳纹、水纹（图1-3-18）。

图1-3-18　自然气象类风格纹样

在自然气象类纹样中，具有代表性的题材纹样是太阳纹，太阳纹是指在点光源照射下呈现在光电周围的细微划痕，因为其呈现的效果就像是太阳的光芒故称其为"太阳纹"（图1-3-19~图1-3-21）。

图1-3-19　太阳纹

图1-3-20　羌族服饰中的太阳纹　　　　　　图1-3-21　苗族服饰中的太阳纹

四、现代艺术风格类纹样

现代艺术是指20世纪以来，区别于传统的，带有前卫和先锋色彩的各种艺术思潮和流派的总称。主要艺术流派包括野兽主义、立体主义、未来主义、表现主义、俄罗斯的至上主义与构成主义、达达主义、超现实主义、抽象主义、波普艺术、欧普艺术等。现代艺术的特点在于打破艺术家、作品和观众之间的区别，主张艺术干预人类生活。深受现代社会文化影响又立足批判现实社会对人性的压抑。

现代艺术风格
类纹样

现代艺术风格类纹样常常使用简洁的几何形状、线条和色块，强调现代主义的简洁和实用性。这种风格的面料纹样通常使用鲜艳的颜色，如红色、黄色、蓝色等，强调现代艺术的活力和创新。这种风格的面料纹样在服饰和现代家居装饰等领域都有广泛的应用。

1. 抽象几何风格纹样

荷兰画家皮特·蒙德里安（Piet Mondrian）是抽象艺术运动的重要代表之一，被誉为现代艺术的先驱之一。蒙德里安的艺术风格以几何形状和基本颜色为主要特征，他的作品通常包括黑色、白色和原色（红、黄、蓝）等基本颜色，强调几何形状的简洁和对颜色的极度限制。他的作品被认为是现代主义的代表之一，对后来的艺术家和设计师产生了深远的影响。

以这种风格设计的面料纹样通常呈现出一种平衡、对称、和谐的感觉，强调现代主义的理性和纯粹性。这种风格的面料纹样在现代家居装饰、时装设计等领域都有广泛的应用（图1-3-22）。

2. 构成主义风格纹样

20世纪20年代初，在新的社会制度下，俄罗斯人的穿着方式和思想观念发生了改变，构成主义将艺术作为一种社会实践为构建新社会服务的创作理念正好满足了国家需要。于是，以瓦尔瓦拉·斯捷潘诺娃（Varvara Stepanova）、柳博芙·波波娃（Lyubov Popova）为代表的艺术家设计出能反映出大众风格的服饰。

图1-3-22　抽象几何风格纹样

　　构成主义作品中，几何图形、不对称构成以及色彩对比的美学理念，被稍作调整，迁移到了图案纹理上。二维几何图形，体现出人工、现代的特征；不对称的构图，则形成一种节奏感，给人以生机勃勃的感觉；在前卫的设计中补充明亮的颜色，反映出对新兴社会必将繁荣昌盛的希冀与向往（图1-3-23）。

图1-3-23　构成主义风格纹样

　　3.欧普风格纹样

　　欧普艺术风格源自20世纪60年代的欧美，在科技革命推动下出现的一种新的艺术流派，采用黑白或彩色几何体的复杂排列、对比、交错或重叠等形式，达到一种视觉的运动感和闪烁感，视神经在与画面图形的接触过程中产生令人眩晕的光效应现象与视觉效果（图1-3-24）。

　　4.波普风格纹样

　　波普风格纹样是一种以波普艺术为灵感的面料设计风格。波普艺术是20世纪60年代流

图1-3-24 欧普风格纹样

行的一种艺术风格，以明亮的颜色、大胆的图案和流行文化元素为特征。波普风格纹样通常采用鲜艳的颜色和大胆的图案，如圆点、条纹、星星、心形等，以及流行文化元素，如音乐、电影、电视等。这种纹样通常用于制作时尚服装、家居装饰和手袋等。波普风格纹样设计风格非常独特，能够为服装和家居装饰带来活力和时尚感（图1-3-25）。

图1-3-25 波普风格纹样

5. 肌理风格纹样

肌理风格纹样是一种以自然元素为灵感的设计风格。通常采用自然元素的图案，如树皮、岩石、树叶、花瓣等，以及自然色调的颜色。这种纹样通常用于制作休闲服装、家居用品和配件等。肌理风格图案面料的设计风格非常自然、舒适和温暖，能够为服装和配件带来自然、亲切和舒适的感觉（图1-3-26）。

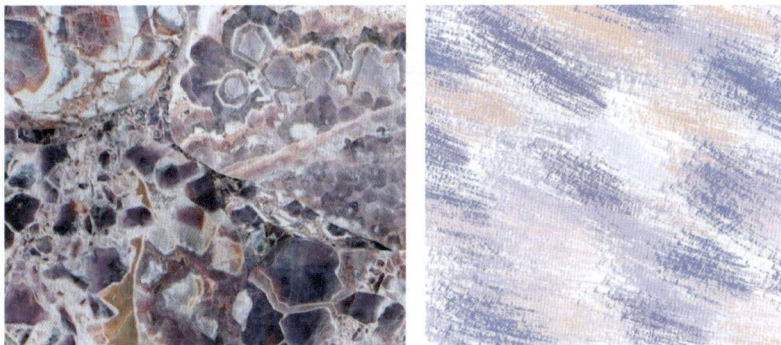

图1-3-26 肌理风格纹样

面料纹样的表现方法是指将设计师所设计的纹样通过不同的绘画手段，如水彩、水粉、蜡笔、油画、国画、计算机辅助等表现的过程。这些方法可以使面料的纹样更加丰富多样，满足不同的设计需求和市场需求。同时，不同的表现方法也会对人们的视觉感受有一定的影响。因此在选择表现方法时需要考虑面料的特性和设计要求。面料纹样的表现方法分为点线面结合、干湿结合混色、多种材料结合综合三种表现技法。

点线面结合与
干湿结合表现
技法

一、点线面结合的表现技法

纹样的点线面结合表现技法是指通过点、线、面的组合来表现纹样的一种技术手段。其中，点是最小的图形元素，线是由点组成的连续线条，面是由线条围成的封闭区域。通过点、线、面的组合，可以展现出各种不同的纹样效果。

在这种表现技法中，点可以用来表现纹样的细节和纹理，线可以用来表现纹样的形状和轮廓，面可以用来表现纹样的整体效果和色彩。通过点线面的组合，可以创造出各种不同的纹样效果，如花卉、几何图形、动物等。

这种表现技法在纺织品设计中得到广泛应用，可以通过印花、织造、刺绣等不同的技术手段来实现。它可以使纹样更加丰富多样，同时也可以提高纺织品的附加值和市场竞争力。

1.平涂法

平涂法是将调好的色彩，均匀、平整地涂在已画好的图形里的一种方法。调色时应注意颜料的浓度，太干涂不开，太湿又涂不匀，颜料要浓淡均匀，否则会影响到画面平整干净的视觉效果（图1-4-1）。

图1-4-1 平涂法

2. 勾线法

勾线法是在色块平涂的基础上，用色线勾勒纹样的轮廓结构，可以使画面更加协调统一，纹样更清晰、精致。线条可以有各种形式的变化，如粗细、软硬、滑涩等。上色时，既可以不破坏线形，也可以有意地予以线条似留非留、似盖非盖的顿挫处理，从而使线形更加富有变化。勾勒的线形依据艺术立意可粗、可细，勾勒线条的工具可为毛笔、钢笔和蜡笔等（图1-4-2）。

图1-4-2　勾线法

3. 点绘法

点绘法是在大面积色块平涂的基础上，根据花卉的明暗、结构通过点的疏密点缀于画面中，使纹样呈现出虚实、远近渐变的特殊变化效果。用色点绘制细部结构的变化，能形成色彩的空间混合效果，并具有立体感。点的大小尽量均匀，否则整体效果会受到影响（图1-4-3）。

图1-4-3　点绘法

4. 推移法

推移法是将一套至几套颜色，按照一定的明度系列或色相系列渐变调配好，并把纹样分成等量或等比的阶段，将渐变的系列颜色顺序填入纹样，形成色阶变化。推移法画出的纹样十分和谐，富有韵律感。这种方法主要分为单色推移、色相推移、冷暖推移及纯度推移等（图1-4-4）。

图1-4-4　推移法

5. 透叠法

透叠法是在印花面料纹样设计过程中，将不同颜色透过彼此重叠，从而形成多层透明的画面效果。此法能增加画面层次感与空间感。以色与色的逐层相加，产生另一种色相、明度、纯度等不同的色彩。一般表现透明的效果，可以多次进行重叠完成。相加色彩的次数，可以三次或四次，甚至更多。一般来说，以纸张的承受力、颜色的覆盖力和所要表现的效果为准。比如表现纱的效果时，可以运用重叠法，由浅至深，逐层、逐次晕染，使其产生透明的效果（图1-4-5）。

图1-4-5　透叠法

二、干湿结合的混色表现技法

干湿结合的表现技法也就是在混色与套色表现的过程中，对画面的颜色有意识地进行不均匀的处理，产生浓淡、深浅、薄厚、粗糙与细腻等多重变化，使图案的色彩效果更加奇妙、丰富。颜色干湿、薄厚的运用是这类技法的主要特点。

1. 晕色法

晕色法是将所需晕色的两种色彩先画到画面上，两色中间可适当留出空间，然后用一支干净的、略带水分的笔将两色来回涂抹，直至得出所求的效果。也可将两色在调色盘里调好再涂到画面中。这种晕色法的效果有柔和、过渡自然、色彩层次多等特点（图1-4-6）。

图1-4-6　晕色法

2. 干擦法

干擦法是用较干的笔蘸色，擦出物象的结构和轮廓，在画面中呈现飞白的效果（图1-4-7）。

图1-4-7　干擦法

3. 刮色法

刮色法是利用某种硬物、尖状物或刀状物，刮割画面，使其产生一种特殊效果的方法。刮色法的颜料所形成的肌理效果可以给人一种厚重的斑驳感，由于刮割法对纸张有损害，运用此法时，需考虑刮割的深度与纸张的质地与厚度，避免划破纸张（图1-4-8）。

图1-4-8　刮色法

4. 撇丝法

撇丝法指用毛笔蘸好色，将笔头分成几小撮来绘制图案形象的特殊用笔技法。在采用此法时，笔头的分撮与形象面积的大小、线条的长短粗细关系密切（图1-4-9）。

图1-4-9　撇丝法

5. 皴染法

皴染，是中国画中的皴和染两种绘画技法的复合。皴，用来表现山石、峰峦和树身表皮的脉络纹理。画时先勾出轮廓，再用淡干墨侧笔而画。染，用墨水或淡彩润刷画面，不露笔痕（或少露笔痕），以分阴阳向背，增强物象的立体感。皴染的具体技法是：先皴后染，逐渐丰富层次，增强形象的视觉效果。在面料纹样设计过程中，一般多与色块平涂结合使用，在底纸或底色上，用干毛笔蘸上不加水的颜料蹭到画面上，借鉴中国山水画中的干皴法，不仅可以使色彩丰富，还能使纹样产生一种肌理变化（图1-4-10）。

图1-4-10　皴染法

6. 渲染法

渲染法又称水色法。同时用两支笔,一支蘸颜色涂在纸上,另一支蘸清水把颜色化开,产生由浓到淡的色彩变化,以表现物象的明暗,或云雾的显隐。这种由浅及深的过渡处理方法,属于中国传统工笔画的表现技巧。其特点为画面层次感、虚实感和起伏感强、视觉效果丰富而细腻(图1-4-11)。

图1-4-11　渲染法

三、与其他材料、工具结合的特殊表现技法

在纹样设计表现中,使用不同的材料、工具会产生不同的特殊效果。

1. 彩色铅笔绘制法

彩色铅笔是一种携带和使用都很方便的工具,既可单独使用,也可与其他技法结合使用,如使用彩色底纸或与水粉、水彩色同时使用。彩色铅笔有普通型和水溶型两种,水溶型彩色铅笔是先用彩色铅笔将纹样的颜色画好,再用清水毛笔进行润色,将干色变成湿色,可反复进行。彩色铅笔配色丰富,适合较深入细致的刻

与其他材料结合的特殊表现技法

画，可表现立体感，并有一种独特的笔触纹理效果（图1-4-12）。

图1-4-12　彩色铅笔绘制法

2. 喷绘法

喷绘法是采用特制喷笔绘出的，具有渲染、柔润效果的装饰造型手法。特点是层次分明、制作精致、肌理细腻，给人以清新悦目、精工细作的美感（图1-4-13）。

图1-4-13　喷绘法

3. 沾染法

沾染法又称点染法。此法是在涂好底的画面上，以海绵、皱纸团、粗纹布等吸色性较强的材料，点醮上颜色，按画面的需要进行点印、修饰。依靠用力的轻重控制颜色的浓淡层次，可产生出画笔无法绘制的纹理效果。沾染法使用的颜料不宜太湿太稀，而且不宜大面积运用。

如需多层点印，要待第一层颜色干透，再进行下一层的操作。这种方法可以获得色彩斑斓的画面效果（图1-4-14）。

图1-4-14　沾染法

4. 宣纸画法

宣纸画法主要选用生、熟宣纸或高丽纸等材料，这类纸张柔韧性好、吸色力强，画出的色彩层次丰富，含蓄古朴，衔接自如，可以制作出各种虚幻、朦胧的肌理效果，尤其适合绘制大幅的装饰纹样。使用这种画法应注意颜料的干湿、薄厚，可以一遍遍反复描绘，也可以在纸的正反两面同时绘制，但不宜画得太厚，否则颜色容易干裂。作品完成后进行托裱，效果更佳也利于保存（图1-4-15）。

图1-4-15　宣纸画法

5. 剪纸拼贴法

剪纸拼贴法是采用不同颜色、材质的纸张，如有色卡纸、电光纸、包装纸及印刷画报纸等，直接剪出纹样的形态，然后粘贴组合到画面上构成图案艺术形式的手法。这种方法主要依靠纸张原有的颜色，纹理加以巧妙运用，表现不同的纹样内容。用剪刀取代画笔来刻画纹样的造型，别有韵味，具有独特的装饰效果。用剪贴法表现的纹样不宜太细、太碎，造型要尽量单纯、概括，同一幅画面所选用的纸张种类也不宜太多。

在所有的材料表现技法中，纸贴画较为流行、简便。纸贴画的材料是纸张，因而它比其他贴画更易收集、制作和掌握。该法费用也较低廉，可供选用的纸材品种繁多，创作出的作品同样可以多姿多彩、美不胜收（图1-4-16）。

图1-4-16 剪纸拼贴法

6. 镶拼法

镶拼法是先将布料剪裁成特定形状，然后把它们纫缝于底料上的图案造型手法。如从布的质感出发组织画面，可得到丰富的极力效果。如采用条绒表现花朵，选择丝绒表现动物毛皮等（图1-4-17）。

图1-4-17 镶拼法

7. 立粉法

立粉法是首先在底版上放置凸起的线形，然后在画面上涂色的方法。其特点是具有浮雕感。按这种方法制作的线形因粗细有别而效果各异。细线显得优雅、精致，粗线显得古朴、厚重。

使用的材料与工具主要有硬纸板或三合板、由乳胶与立得粉混制的浆料、挤浆工具、水粉颜料等（图1-4-18）。

图1-4-18　立粉法

8.计算机处理法

计算机在现代设计领域中已被广泛运用，它具有高效、规范、技巧丰富、变化快捷、着色均匀、效果整洁等优势。计算机制作出的许多效果是手绘无法达到的，学会使用计算机辅助设计技术来处理制作纹样是现代社会发展的需要。因此，需要熟悉掌握一些图形编辑和设计的软件，发挥它们的诸多功能，绘制纹样，扩展纹样表现的技术领域（图1-4-19）。

图1-4-19　计算机处理法

图案的技法是人们在长期实践中不断探索、不断发现的，绝不仅限于以上几种，比如还有刮色法、蜡染法、油画棒、彩色水笔、马克笔等，均可用于表现图案。同样，我们也可以在自己的实践训练中去发掘、尝试更多的表现手段。但无论技法如何变换，首先，我们应掌握最基础、最常用的图案绘制手段，培养较扎实的基本功，这样才能使图案的表现依托于较深厚的艺术功底，而不走人为技法而技法的歧途。

○ 知识点五 / 面料纹样的流行趋势

一、流行趋势的定义

英文中，"流行"一词对应不同的周期，有着不同的翻译，如"fashion"是指广泛普及并相对长期地流行，"vogue"是指人气鼎盛的广泛流行，"fad"是指短期的小规模流行，"craze"是指短期的狂热流行。

流行趋势是指一个时期内社会或某一群体中广泛流传的生活方式，是一个时代的表达。它是在一定的历史时期，一定数量范围的人，受某种意识的驱使，以模仿为媒介而普遍采用的某种生活行为、生活方式或观念意识时，所形成的社会现象（图1-5-1）。

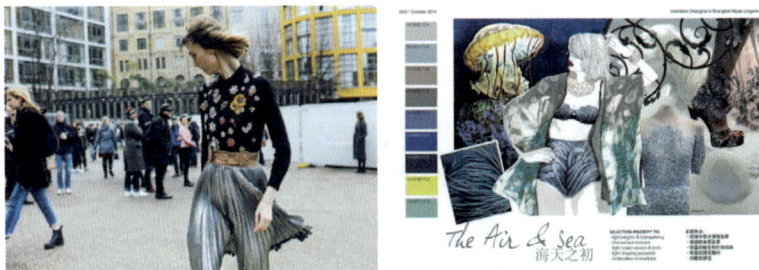

图1-5-1 流行趋势

二、流行趋势的周期

流行趋势的周期分为创新期、兴起期、接受期、消退期、萎缩期五个阶段。

1. 创新期

流行创新者在流行循环的创新阶段中即采用了新的概念款式。

2. 兴起期

时装领袖和早期的追随者会在流行兴起的阶段介入。

3. 接受期

大众市场的消费者采用这种款式的时机则是在接受阶段中。

4. 消退期

晚期的流行追随者，则在它的消退阶段才采用这种模式。

5. 萎缩期

与流行无缘或反应迟钝的个体在衰退阶段才会采用这种款式。

花型及色彩
流行趋势

三、流行趋势的预测

1.问卷调查法

问卷上的问题设计水平高低（问题数量、言简意赅、是否紧扣出题），答题者的人数、年龄、教育程度、社会地位、从事的工作等都会影响结论（图1-5-2）。

图1-5-2　问卷调查法

2.总结规律法

根据一定的流行规律推断出预测结果。某些流行预测机构参照历年来的流行情况，结合流行规律，从众多的流行提案中总结出下一季的预测结果。比调查问卷法省力，但具有更多的主观性。所以很多流行预测机构往往组织很多学识卓越的流行专家共同分析，来得出最终结果（图1-5-3）。

图1-5-3　总结规律法

3. 经验直觉法

经验直觉法是凭借个人积累的关于流行的经验，对新的流行做出判断。有时候，灵性的直觉加上丰富的经验比理性的数据分析效果更好。

流行预测的时间：色彩的预测一般提前24个月，纤维的预测一般提前18个月，面料的预测一般提前12个月，款式设计的预测通常提前6~12个月，零售业的预测一般要提前3~6个月。目前，流行预测周期的趋向是快速、准确。

四、流行趋势的理论

流行趋势在世界范围内主要有三大理论，分别是美国学者瑞塔·培那（Rixa Perna）、美国社会学家布卢默和德国社会学家齐美尔提出来的。

美国学者瑞塔·培那认为：井然有序的思考和确实可靠的指引路标，可以帮助提高预测各种新趋势的准确程度。流行正如博弈，出赛的双方是预测工作者和消费者，能精确地作出预测，将能胜出。

美国社会学家布卢默（Herbert Blumer）认为：现在是消费者自己在制造流行的时代，是设计师在适应消费者的需求，现代流行是通过大众的选择实现的。虽然从表面上看，掌握流行领导权的人是创造流行式样的设计师和选择流行样式的客商，但实际上他们也都是某一类消费者或某一消费层的代理人。只有消费者的集体选择，才能形成真正意义上的流行。

德国社会学家齐美尔（Georg Simmel）是从社会互动和服装流行的社会区分化功能的角度来深入揭示服装流行的定义本质。他认为，通过具有外观表现力的服装的流行，社会个别成员可以实现个人同社会整体的适应过程，从而实现其个性的社会化，而社会整体结构的运作，也可以借助于服装的流行作为文化桥梁或催化剂，将个人整合到社会中。

五、流行趋势的案例

处于唯变不变的时代，能够满足消费者的多样化需求，可以无缝衔接多种生活场景的图案流行趋势备受关注。对于身心健康关注度的提升令回归自然的舒缓基调也越发重要。无论是以自然形态为灵感的淡彩印迹，还是由都市花园启发的精致园艺图案，带有松弛观感的纹样能够引发当下城市人群的共鸣；超现实数字图像从科技感官下的自然世界和元宇宙主题中汲取灵感，以迎合新感观主义者的审美诉求……回溯历史，联结当下，恋旧情怀与创新精神激发永续动力，更探索出无限的时尚风格。经典元素、未来科技、人与自然的相互交融，在内敛含蓄与热烈奔放的碰撞中共呈蓬勃生机。2024年春夏图案与印花趋势预测如图1-5-4所示。

图1-5-4　2024年春夏图案与印花趋势预测

1. 弥散色彩渐变

明朗夏日焕现蓬勃生机，华丽印花搭配高对比色彩，传递充满希望的悦动情绪，也勾勒出"新感观主义者"的无限好奇与想象（图1-5-5）。柔化边缘带来的弥散渐变视效，创造出能够产生动态感官效果的高饱和色彩图像。以未来风粉蜡色和电光亮色打造抽象的迷幻波纹印花或图案，只为展现实验性极强的趣味世

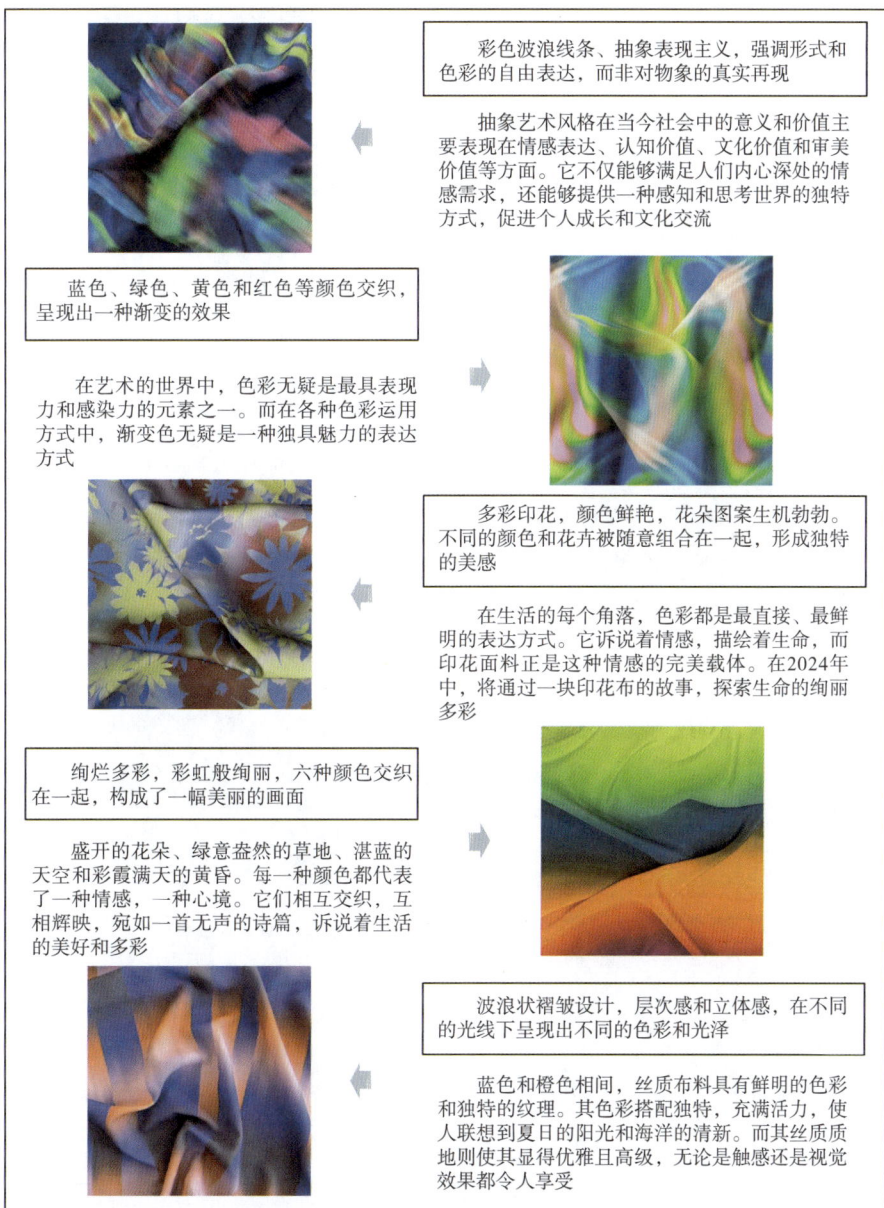

图1-5-5　明朗夏日焕现蓬勃生机

界。大胆配色与多元面料相得益彰，通过夏日风印花和图像营造出张扬、热烈的氛围，为都市时尚注入新鲜的假日能量，弥散色彩渐变如图1-5-6所示。

彩色波浪线条、抽象表现主义，强调形式和色彩的自由表达，而非对物象的真实再现

抽象艺术风格在当今社会中的意义和价值主要表现在情感表达、认知价值、文化价值和审美价值等方面。它不仅能够满足人们内心深处的情感需求，还能够提供一种感知和思考世界的独特方式，促进个人成长和文化交流

蓝色、绿色、黄色和红色等颜色交织，呈现出一种渐变的效果

在艺术的世界中，色彩无疑是最具表现力和感染力的元素之一。而在各种色彩运用方式中，渐变色无疑是一种独具魅力的表达方式

多彩印花，颜色鲜艳，花朵图案生机勃勃。不同的颜色和花卉被随意组合在一起，形成独特的美感

在生活的每个角落，色彩都是最直接、最鲜明的表达方式。它诉说着情感，描绘着生命，而印花面料正是这种情感的完美载体。在2024年中，将通过一块印花布的故事，探索生命的绚丽多彩

绚烂多彩，彩虹般绚丽，六种颜色交织在一起，构成了一幅美丽的画面

盛开的花朵、绿意盎然的草地、湛蓝的天空和彩霞满天的黄昏。每一种颜色都代表了一种情感，一种心境。它们相互交织，互相辉映，宛如一首无声的诗篇，诉说着生活的美好和多彩

波浪状褶皱设计，层次感和立体感，在不同的光线下呈现出不同的色彩和光泽

蓝色和橙色相间，丝质布料具有鲜明的色彩和独特的纹理。其色彩搭配独特，充满活力，使人联想到夏日的阳光和海洋的清新。而其丝质质地则使其显得优雅且高级，无论是触感还是视觉效果都令人享受

图1-5-6　弥散色彩渐变

2.宁静淡彩印迹

在这个信息量庞大的世界中，对宁静的渴望越发强烈。自然中的天然形态和有机线条启发设计灵感。抽象而流畅的笔触、未完成感的勾线彩绘、错落层叠的不规则色块……通过艺术化的表现形式，打造出优雅凝练、浪漫宁静、松弛疗愈的图案。简约而充满灵性的设计与天然柔和的材料、舒适的纹理以及温暖的日晒色调相结合，演绎出轻盈的造型，更带来自由舒适的体验和令人惬意的享受。宁静淡彩印迹如图1-5-7所示。

抽象线条，绿色、粉色、橙色随机分布在白色背景中

生活就像抽象的线条画，色彩斑斓又变幻莫测。绿色象征生机与希望，粉色代表浪漫与温柔，橙色则是活力与热烈。在白色背景中都是独立的个体，交织着情感与命运，勾勒出独一无二的色彩

淡绿色和粉色的丝质面料，水彩画的效果，都市中的自然精灵

淡绿色与粉色交织的丝质面料，仿佛置身于春日的花海中，清泉在石头上起伏。水彩画的效果为其增添了几分诗意与梦幻，仿佛轻轻一摸，便能触摸到大自然的呼吸

浅绿与粉色的邂逅，感受自然的清新与温柔，宛如初春的微风拂过脸颊

当浅绿色和粉色相遇，就仿佛在夏日的午后，清风徐来，带来清甜的果香和花的芬芳。如同一幅画，把大自然的色彩融入了生活的点滴

彩色抽象，棕色、绿色、紫色、白色和金色，宛如大自然的调色板，诉说着一个神秘的故事

棕色宛如秋日的落叶，带着一丝深沉和稳重；绿色犹如初春的新芽，充满生机与活力；紫色像傍晚的晚霞，带着一丝梦幻与浪漫；白色宛如纯净的雪花，给人以清新脱俗的感觉；而金色则像是太阳的光芒，充满了高贵与辉煌

淡紫色、粉色与蓝色交织，抽象图案，梦境般的画卷，记录着生命中的美好与温情

质地宛如最细腻的轻纱，触摸时仿佛飘渺的烟雾，轻轻地抚过皮肤，带来一种难以言喻的舒适感。它的触感宛如春天的微风，轻柔而温暖，又似晨曦的阳光，细腻而温柔

图1-5-7　宁静淡彩印迹

○ 知识点六 / 印花面料的类别及生产工艺流程

一、印花面料的概念

印花面料是用染料或颜料在纺织品上印出具有一定染色牢度的花纹图案的面料。这种面料的历史可以追溯到唐宋时期，深受人们的喜爱，并被作为陪嫁被褥、衣服的必备品。

二、印花面料的类别及工艺流程

根据印花工艺设备的不同，印花面料可以分为手工印花面料和机印花面料。手工印花面料包括蜡染、扎染、手绘、手工台板印花面料等；机印花面料则包括滚筒印花、筛网印花（包括平网印花、圆网印花）、转移印花面料等。

印花面料
生产工艺

（一）手工印花面料

1.蜡染

蜡染是我国民间传统纺织印染手工艺，古称蜡缬，与绞缬（扎染）、灰缬（镂空印花）、夹缬（夹染）并称为我国古代四大印花技艺。这种工艺是用蜡刀蘸熔蜡绘花于布后以蓝靛浸染，既染去蜡，布面就呈现出蓝底白花或白底蓝花的多种图案。同时，在浸染中，作为防染剂的蜡自然龟裂，使布面呈现特殊的"冰纹"，尤具魅力。

蜡染的历史非常悠久，根据《二仪实录》记载，秦汉间已有染缬，六朝时开始流行，隋代宫廷特别喜爱这种手工艺品，并且出现特殊花样。当时的蜡染可分为单色染与复色染，复色染可以套色四、五种之多。

蜡染的图案丰富，色调素雅，风格独特，用于制作服装、服饰和各种生活实用品，如女性服装、床单、被面、包袱布、包头巾、背包、提包、背带等，显得朴实大方、清新悦目，富有民族特色。贵州、云南苗族、布依族等民族擅长蜡染，很多苗族地区都流行有《蜡染歌》（古歌），代代传唱叙述着蜡染的起源。

蜡染的流程主要包括以下步骤。

①面料染前处理：首先，对面料进行预处理，包括退浆、煮练、漂白和熨平。从而确保面料的质地和颜色均匀，提高染色效果。

②花型、图案绘制：根据设计需求，在面料上绘制出所需的花型和图案。这一步骤可以使用铅笔或其他绘图工具进行。

③熔蜡：将蜡块放入熔蜡锅中加热熔化，然后加入适量的白蜡进行稀释。白蜡的用量可以根据需要调整，以控制染色的深度和效果。

④点蜡：使用蜡刀或其他工具，将熔化的蜡液点绘在面料上的花型和图案上。点蜡时要控制好蜡液的量和分布，以确保染色后的效果。

⑤染色：将点好蜡的面料放入染缸中进行染色。染料的选择可以根据个人喜好和需要进行调整。染色过程中，蜡层会阻止染料渗透到面料上，从而形成独特的花纹和图案。

⑥脱蜡：染色完成后，将面料取出并进行脱蜡处理。这一步骤可以使用热水冲洗或蒸汽熏蒸等方法，将蜡层从面料上脱去。

⑦冲洗、熨平完成：脱蜡后，将面料进行冲洗，去除多余的染料和蜡质。然后，对面料进行熨平处理，使其平整光滑，呈现出最终的蜡染效果（图1-6-1）。

图1-6-1　蜡染

2.扎染

扎染古称扎缬、绞缬，是中国民间传统而独特的染色工艺。扎染是面料在染色时部分结扎起来使之不能着色的一种染色方法，是中国传统的手工染色技术之一。

扎染有着悠久的历史，起源于黄河流域。现存最早的扎染制品之一出于新疆地区。据记载，早在东晋，扎结防染的绞缬绸已经有大批生产。到了现代，扎染不仅代表着一种传统，还已成为一种时尚，深受人们的喜爱。

扎染工艺分为扎结和染色两部分。它是通过纱、线、绳等工具，对面料进行扎、缝、缚、缀、夹等多种形式组合后进行染色。工艺特点是用线将面料打绞成结后再进行印染，然后把线拆除的一种印染技术。它有一百多种变化技法，各有特色。即使有同一种花成千上万朵，染出后却不会有相同的花出现。这种独特的艺术效果，是机械印染工艺难以达到的。

扎染的工艺流程主要包括以下步骤。

①准备工作：首先选择适合的面料，通常以棉白布或棉麻混纺白布为主。然后，对面料进行退浆、精炼、漂白和熨平等预处理，以确保面料的质地和颜色均匀。

②扎结：这是扎染的关键步骤，也称为打结。方法有很多种，如捆扎法、折叠扎法和

利用针和线的卷针缝绞法等。通过这些方法，将面料的部分区域扎紧，防止染料渗透。

③染色：将扎结好的面料放入染液中进行染色。染液通常由天然植物染料制成，如板蓝根、蓼蓝、艾蒿等。染色过程中，由于扎结部分的阻碍，染料无法渗透到被扎紧的区域，从而形成独特的花纹和图案。

④漂洗和固色：染色完成后，将面料取出并进行漂洗，去除多余的染料。然后，通过一定的固色处理，使染料更牢固地附着在面料上。

⑤拆线：拆线是将扎结时缝、扎过的线拆除，使图案花纹显现出来。这一步需要小心操作，以免损坏面料或影响图案效果。

⑥熨烫和整理：最后对布料进行熨烫和整理，使其平整光滑，呈现出最终的扎染效果（图1-6-2）。

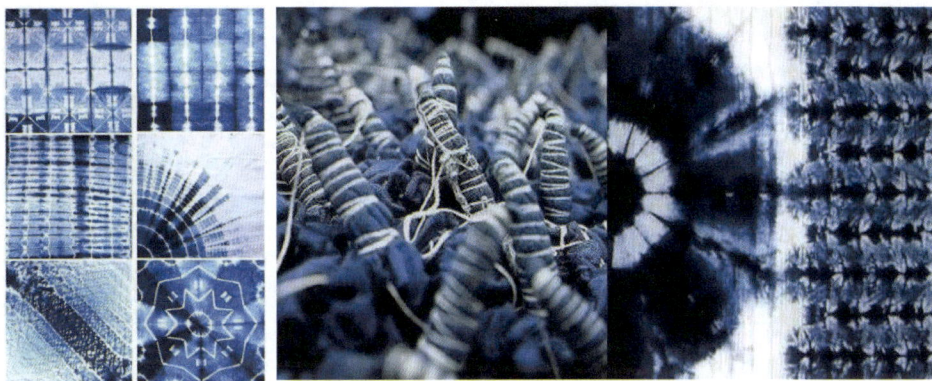

图1-6-2 扎染

3.手绘

手绘是一种通过手工使用笔在面料上绘画的印花工艺。这种工艺通常使用纺织染料和丙烯颜料。手绘印花的好处是可以在面料上表现出独特的手工风格，达到一种个性化效果。然而，由于手绘是手工完成的，所以绘制者的经验和技术对整个印花过程的影响非常大。一旦出错，修改起来相对困难，因此手绘印花的成本相对较高。

手绘通常不适合大规模生产，因为它需要更多的时间和精力。然而，对于小批量或定制的产品，手绘印花可以提供一种独特且富有艺术性的解决方案。

手绘印花的流程通常包括以下几个步骤。

①图案设计：首先，设计师需要根据自己的创意和需求进行图案设计。设计师可以手绘图案或使用计算机软件进行图案设计。在设计过程中，设计师需要选择合适的颜料或染料，并考虑图案的颜色、形状和布局等因素。

②准备织物：在图案设计完成后，需要准备要印花的面料。面料可以是丝绸、棉麻等，具体选择取决于设计师的需求和最终产品的用途。面料需要进行清洗和预处理，从而去除杂质，保证染料吸附的效果。

③绘制图案：设计师将图案绘制在面料上。绘制时可以使用画笔、毛笔、喷枪等不同的工具，绘制过程中需要注意控制颜料的用量和涂抹的均匀度，以保证图案的清晰度和美观度。

④定形处理：绘制完成后，需要对面料进行定形处理，以确保图案的持久性和耐久性。定形处理可以采用热压、烘干等方法，使颜料更好地固着在面料上。

⑤后期整理：定形处理完成后，需要进行修剪多余的线头、整理印花边缘等后期整理工作，整理完成后，手绘印花的产品就可以进行包装和销售了（图1-6-3）。

图1-6-3　手绘

4.手工台板印花

手工台板印花是一种传统的印花工艺，通常在手工操作台上进行。这种工艺主要依赖于熟练的工匠技艺，使用雕刻好的木板或金属板作为印花工具，在面料上手工进行印花操作。

手工台板印花通常包括以下步骤。

①准备印花工具：工匠会雕刻一个具有所需图案的木板或金属板作为印花工具。此工具上的图案部分会被刻空，以便染料能够渗透过去。

②准备面料：将要印花的面料（如丝绸等）放在操作台上，并固定好位置。

③涂抹染料：工匠使用刷子或刮刀等工具，将染料均匀地涂抹在印花工具的图案部分上。

④压制印花：将涂抹了染料的印花工具放置在面料上，然后用手或压力机施加一定的压力，使染料通过刻空的部分渗透到面料上。

⑤去除印花工具：在染料充分渗透到面料后，工匠会轻轻地将印花工具从面料上抬起，完成印花过程。

⑥干燥和整理：印花完成后，面料需要经过一段时间的干燥，以确保染料牢固地附着

在面料上。然后，工匠会进行必要的整理工作，如修剪多余的线头、整理印花边缘等。

手工台板印花以其独特的工艺和个性化的风格受到青睐。它不仅可以创造出丰富的图案和纹理，还能为面料增添独特的手工艺魅力。然而，由于手工台板印花需要熟练的工匠技艺和较长的制作时间，因此成本相对较高，通常适用于定制或小批量生产（图1-6-4）。

图1-6-4　手工台板印花

（二）机印花面料

1.滚筒印花

滚筒印花，也称为刻花滚筒印花，通过使用刻有凹形花纹的铜制滚筒（也称为花筒）在面料上印花，是一种高效的印花工艺。其制作流程大致如下。

①设计图案：首先，需要设计并制作印花所需的图案。这些图案通常会以精细的线条和色彩组合呈现，以达到所需的视觉效果。

②制作花筒：根据设计好的图案，制作出刻花的花筒。花筒通常由金属制成，表面刻有与图案相对应的凹陷部分。

③准备色浆：选择适当的染料，并将其调配成适合印花的色浆。色浆的选择会直接影响最终的印花效果。

④印花：将花筒安装在印花机上，然后将色浆涂抹在花筒的表面。当花筒压印在面料上时，色浆会通过花筒的凹陷部分转移到面料上，从而形成图案。

⑤固色处理：根据所使用的染料类型，可能需要进行固色处理，以确保染料在面料上的牢固度。

⑥清洗和烘干：完成印花后，对面料进行清洗，去除多余的色浆和杂质，然后进行烘干处理。

⑦后整理：最后，对印花面料进行必要的后整理，如修剪多余线头、整理印花边缘等，以确保最终产品的质量（图1-6-5）。

图1-6-5　滚筒印花

2.筛网印花

筛网印花是一种独特的印花方式，它使用筛网作为印花工具。筛网是一种具有细网眼的织物，其上有花纹处呈镂空的网眼，无花纹处网眼则被涂覆。在印花过程中，色浆通过筛网的网眼沾印在面料上，从而形成所需的图案。筛网印花起源于传统的型板印花工艺，并逐渐发展成一种广泛使用的印花方式。筛网印花包括平网印花和圆网印花。

（1）平网印花。平网印花是一种筛网印花工艺，其中平网指的是大版印花，即整张图案印在面料上然后根据尺寸切割。平网印花有手工台板式和半自动平板、全自动平板三种印染模式。这种工艺制版方便，花回长度大，套色多，能印制精细的花纹，且不传色，印浆量多，并附有立体感。平网印花适合丝、棉、化纤等机织物和针织物印花，更适合小批量多品种的高档织物的印花。然而，平网印花的产量相对较低。

平网印花的工艺流程包括以下步骤。

①将待印花的面料平铺在滚筒上，确保面料平整无皱褶。

②检查网板是否有砂眼、漏纹、水渍等缺陷，确保网板质量良好。

③如果是多色印花，需要根据工艺要求进行网版的排序，通常是从深色到浅色。同时，要特别注意印花效果，如加防的花型边缘版应放置第一位，且与第二版之间隔一到两个机座或使用放空版压一下，以防止防印浆不干粘在版上而造成砂眼及浮色等疵病。

④用胶带沿内缘粘贴网版，将图案粘贴到印花面料宽度之外，以防止砂眼和颜色转移。

⑤将网版按顺序放在机座上，用网版上的十字来配花，确保图案的准确对位。

选择适当的刮刀，其软硬应适中，刀片应光滑，以确保印花效果。

⑥将准备好的印刷浆料均匀倒在网框边缘，开始刮印。注意左右两边压力要均匀，刮刀角度要保持一致，以确保印花效果均匀。

⑦打印后，打开红外干燥设备对印花面料进行干燥。如果是大图案，可以在两种颜色之间加一个预烘，以防止颜色重叠。面料干燥后，关闭电源。

⑧取下面料，按照工艺要求进行适当的后处理，如热定形、压光等。

印花完成后，必须及时清洗和干燥网版，以免堵塞网孔，影响下次印花效果。

（2）圆网印花。圆网印花是一种利用圆网作为印花工具的印花工艺。在圆网印花过程中，圆网被安装在印花机上，并通过一定的压力和刮刀的作用，使色浆透过圆网的网孔沾印到面料上，从而形成所需的图案。

圆网印花的特点是生产效率高、对织物适应性强，并且能获得花型活泼、色泽鲜艳的效果。然而，它对于云纹、雪花等结构的花型有一定的限制，花型大小也受到圆网周长的限制。另外，圆网印花机通常由进布装置、印花机头、烘燥装置、落布装置等部分组成，可以根据需要选择不同的圆网印花机来满足生产需求。圆网印花的色浆是通过自动给浆系统供应的，每一个圆网都配有给浆系统。供应色浆时，将机台上塑料管一端套在金属给浆管上，另一端软管插入色浆桶内，用泵输入圆网，由电极自动控制色浆液面的高度。这样可以确保色浆的稳定供应和印花质量的稳定性。

圆网印花的流程主要包括以下步骤。

①设计和制作印花图案：首先需要设计好要印的花纹，并将其转化为印花片。印花片一般使用挤压法制成，这个过程中可以将图案转移到印网上。

②准备印刷料：圆网印花的印刷料一般为染料型墨水。根据需要选择合适的染料，并将其加入适量的溶剂中进行充分搅拌，使染料充分溶解。

③圆网制网过程：这个过程包括黑白稿的检查和准备、圆网选择、圆网清洁、上感光胶、曝光、显影、焙烘、胶闷头以及检查待用。

④印花过程：将准备好的印花面料通过宽橡胶带输送到不断运动中的圆网花筒下面。印花面料在圆网花筒和橡胶带的共同作用下，色浆通过一定的压力和刮刀的作用，透过圆网的网孔沾印到面料上，从而形成所需的图案。

⑤后处理：完成印花后，面料需要进行后处理，如焙烘、水洗、烘干等，以确保印花的牢度和色泽的鲜艳度。图1-6-6为筛网印花。

平网印花　　　　　　　　　　　　　　圆网印花

图1-6-6　筛网印花

3.转移印花

转移印花是一种利用热敏纸或热压敏胶膜作为印花的载体，将图案转移到面料上的工艺。这种工艺通常使用高温高压设备，通过热敏纸或热压敏胶膜的特殊性质，使图案部分产生化学反应或物理变化，从而形成所需的印花效果。

转移印花的优点在于它能够实现快速、高效的生产过程，并且具有较高的生产效率和质量稳定性。此外，转移印花还可以根据客户需求进行个性化定制，满足不同市场的需求。然而，由于转移印花需要特定的设备和材料，因此成本较高，不适用于大规模生产。

转移印花的流程主要包括以下步骤。

①设计和制作图案：首先需要设计并绘制出所需的图案，并将其转化为适合热敏纸或热压敏胶膜的格式。这些图案通常使用计算机辅助设计软件进行绘制和编辑。

②准备纸张和黏合剂：根据所需的花纹类型和颜色选择合适的热敏纸或热压敏胶膜。然后，在纸上涂覆上适当的黏合剂，以确保图案部分与面料分离时不会脱落。

③准备面料：选择适合的面料，确保其质地、颜色和尺寸符合要求。将面料平铺在案台上以便于操作。

④贴纸和烘烤：将热敏纸或热压敏胶膜放在面料上，并用胶带或其他方式将其固定。然后将整个组合物放入高温烘箱中，加热至适当温度并进行烘烤处理。这个过程使图案部分发生化学反应或物理变化，从而形成所需的图案。

⑤固色和整理：完成烘烤后，取出已经印花的产品，并进行适当的固色处理，包括洗涤、漂白、定形等步骤，以确保图案的颜色牢固地附着在面料上。

⑥后处理和包装：最后，对产品进行必要的后处理和整理工作，如修剪多余线头、调整边缘等。然后进行包装，交付给客户使用。

◎ 习题

1. "一带一路"倡议为什么能够促进我国纺织产业的发展？

2. 人们为什么喜欢将花卉作为面料纹样设计的题材？

3. 花瓣呈现的形态特征是怎样的？

4. 什么是四方连续纹样，它的构图方式主要有哪几种？

5. 什么是适合纹样，适合纹样的构成有哪几种形式？

6. 为什么不同的地区和民族会产生不同风格的面料纹样？

7. 请简述佩兹利纹样的造型特点。

8. 请简述干湿结合的混色表现技法中的晕色法及其特点。

9. 多种材料结合的综合表现技法中八种常见技法是什么？

10. 流行趋势的周期分为哪几个阶段？请详述。

11. 流行趋势在世界范围内主要有三大理论，分别是什么？请详述。

12. 什么是圆网印花？它的特点是什么？

13. 请详述印花面料的类别及生产工艺流程。

第二部分
项目实践

◎ **教学目标**

（1）熟悉印花面料纹样设计的流程和方法，包括需求分析、创意奇想、设计草图、纹样设计，以及常用的设计方法和技巧，完成设计方案。

（2）理解印花面料纹样设计与服装、家纺、文创产品款式的关系。如纹样与纺织产品款式的协调、图案与面料的搭配等，以便能够将纹样设计与纺织成品设计有机地结合起来。

（3）能够独立思考和提出创新的纹样设计方案，同时能够准确把握时尚潮流和市场需求。

（4）学生能够与团队成员进行有效的沟通和协作，能够在团队中承担自己的角色和责任，共同完成纹样设计项目。

（5）培养学生爱岗敬业的社会责任感和承受压力的能力。

（6）培养学生的爱国主义情怀。

（7）培养学生的科学精神。

（8）培养学生一丝不苟的工匠精神。

◎ **知识导图**

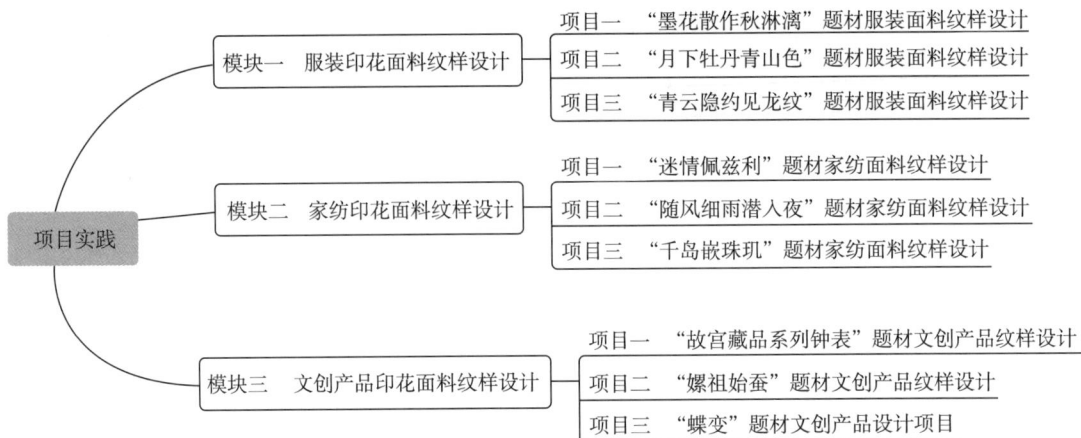

◎ **知识要点**

项目实践部分包括服装印花面料纹样设计、家纺印花面料纹样设计和服饰及文创产品印花面料纹样设计三个模块，教学要点是：

（1）了解市场趋势和消费者需求：在设计服装、家纺、服饰及文创产品印花面料纹样时，需要了解当前市场的流行趋势和消费者的需求，从而设计出符合市场需求的、有竞争力的产品。

（2）创新设计理念：创新的设计理念是打造竞争力的关键。在服装、家纺、服饰及文创产品印花面料的设计中，需要注重产品的个性化、差异化，突出品牌特色，以满足不同消费者的需求。

（3）注重细节和品质：在设计印花面料时，要注意图案、色彩搭配等方面的细节和品质；对于文创产品，要注意工艺、包装等方面的细节和品质。

（4）考虑生产成本和可行性：在设计过程中，需要考虑产品的生产成本和可行性。在保证产品质量和设计效果的前提下，尽可能降低生产成本，提高生产效率。

模块一　服装印花面料纹样设计

　　服装印花面料纹样设计是指在服装面料上进行图案设计和印花的过程。它是将纹样应用于面料上，以增加服装的美观性和独特性。通过印花面料纹样设计，可以为服装增添个性化的元素，使其与众不同。

　　服装印花面料纹样设计通常包括以下几个方面。

　　（1）纹样设计。根据服装的风格和主题，设计出适合的图案。图案既可以是植物、动物、风景等具象的，也可以是几何形状等抽象的。图案的设计要考虑服装的款式和面料的特性，以及目标市场的需求。

　　（2）纹样排列。将设计好的图案进行排列，确定图案的大小、间距和重复方式。纹样的排列可以是平铺、交错、对称等，也可以根据需要进行变化和调整。

　　（3）颜色搭配。选择适合的颜色搭配，使图案和面料相互衬托，达到视觉上的和谐和平衡。颜色的选择要考虑服装的风格、季节和目标市场的喜好。

　　（4）印花工艺。选择适合的印花工艺，如丝网印花、数字印花、热转印花等。不同的印花工艺有不同的效果和限制，要根据设计的要求和面料的特性进行选择。

　　（5）样品制作和调整。制作印花样品，并进行调整和修改。通过样品的制作和调整，可以检查图案的效果和适应性，进行必要的修改和优化。

　　（6）生产和应用。确定最终的纹样设计后，可以将其应用于服装生产中，选择适合的印花工艺和面料，进行批量生产。

　　服装印花面料纹样设计是一个创意性和技术性相结合的过程，需要设计师具备对服装和面料的理解，以及掌握图案设计和印花工艺的技巧。通过精心设计和制作，可以为服装增添独特的魅力和个性。

○ 项目一

"墨花散作秋淋漓"题材服装面料纹样设计

◎ **教学目标**

(1) 理解和掌握设计题材的含义、来源和文化背景，以便准确地表达这一主题。

(2) 分析和了解目标受众的特点和需求，根据受众的喜好和需求进行创意构思。

(3) 选择适合的面料类型，根据服装的款式和用途，将纹样设计与面料特性相匹配。

(4) 运用色彩搭配的原理和技巧，选择适合的色彩搭配方案，营造出符合题材要求的氛围。

(5) 运用图案设计的原理和技巧，创作出符合题材要求的纹样。

(6) 合理安排纹样的排布方式，根据服装的款式和面料的特性，达到美观和实用的效果。

(7) 进行创意构思，包括纹样的整体构图、细节处理、纹样的重复和变化等，展现设计题材的独特魅力。

"墨花散作秋淋漓"题材服装面料纹样设计

(8) 运用所学知识和技能，进行面料纹样设计的实践操作，完成设计题材的服装面料纹样设计作品。

◎ **项目导入**

达利国际集团有限公司为全球知名的丝绸类纺织服装企业，纺织面料纹样设计室计划开发一款主题为"墨花散作秋淋漓"的丝绸面料纹样，面料纹样以彩墨花卉为题材，作品符合22~35岁女性审美要求，具有中国传统水墨绘画表现风格，色彩以黑白灰色调为主，辅以少量彩色，需完成一个系列配色方案，并附上纹样应用的效果图和设计说明。设计室主任李红梅给设计师陈思伦布置了设计任务，要求在3个工作日完成。

任务一　项目分析与调研

【任务导入】

周一清晨，设计室主任李红梅给设计师陈思伦（以下简称"小陈"）布置了一个设计任务，要求小陈3个工作日完成"墨花散作秋淋漓"题材服装面料纹样设计。李红梅主任说："这个题材寓意着春华秋实、时光荏苒，也代表着中华优秀的艺术传统和审美。希望你能在这个题材上发挥你的创意和想象力，设计出一款独特、时尚、艺术的服装面料纹样。这样的设计需要融合传统的文化元素和现代的时尚潮流，让人们在穿着时既能感受到中华文化的传承，又能满足当代人的审美需求。我相信你有能力完成这个任务，也希望这个任务能够提高你的专业技能和创造力，期待你的作品！"

小陈接受设计任务后，需要对项目的相关信息进行收集、整理和分析。通过项目分析与调研，全面了解项目的设计背景、目标、需求等方面的情况，为纹样设计项目的实施提供依据和指导。

【知识要点】

（1）服装印花面料纹样设计的项目分析。

（2）服装印花面料纹样设计的项目调研。

（3）印花面料纹样设计的需求和趋势。

【任务实施】

一、项目分析

小陈认为本项目的主题"墨花散作秋淋漓"，旨在设计一款面向22~35岁的职业女性群体，独特、时尚、艺术的服装面料纹样，融合传统的文化元素和现代的时尚潮流。为了体现丝巾的高贵和典雅，选择使用12mm丝绸作为面料，为了实现"墨花散作秋淋漓"的写意表现效果，采用数码喷绘工艺，实现高清晰度、丰富多彩的纹样效果，同时也能够保持纹样的持久性和稳定性。在设计纹样时，也要注重美观性和经济性的平衡。

小陈根据以上分析最终确定了自己的设计思路。

（1）设计素材：以中国传统吉祥纹样牡丹花为主要设计素材。

（2）使用服装：休闲服。

（3）表现方法：先手绘彩墨牡丹，然后计算机辅助设计。

（4）设计构图：以青花满地散点式构图为主。

（5）色彩设计：黑白灰水墨色调，辅以少量曙红。

（6）材料工艺：选用12mm素绉缎丝绸面料，采用数码喷绘印染工艺。

（7）完成时间：3个工作日。

二、项目调研

进行纹样设计素材调研时，可以采用以下几种方法。

1. 网络调研

通过搜索引擎、设计社区、图库网站等在线资源，寻找相关的图案设计素材。可以浏览和收集各类图案，包括矢量图、插画、纹理、花纹等，以及不同的风格和主题的设计作品。

2. 图书馆研究

查阅图书馆的设计书籍和杂志，寻找图案设计的灵感和素材。可以借阅有关艺术、设计、纹样和纹理等方面的书籍，了解不同时期和地域的图案设计风格和技法。

3.设计展览参观

参观设计展览和艺术展览，观察和学习各类图案设计的创意和表现形式。可以参观当地的艺术馆、设计展览和时装展览等，了解最新的设计趋势和创新思维。

4.实地调研

走出设计室，进行实地调研和观察。可以到市场、商场、街头等地方，观察和记录各类纹样设计的应用和表现形式。可以关注服装、家居、包装等领域，寻找灵感和素材。

5.竞品分析

研究竞争对手和同行业的纹样设计作品，了解市场上的设计趋势和竞争格局。可以通过市场调研、竞品分析和设计展示等方式，收集和分析相关的图案设计素材。

6.社交媒体观察

关注设计师、品牌和设计机构在社交媒体上的发布和分享，了解最新的纹样设计趋势和创意。可以关注设计师的个人账号、设计机构的官方账号，以及相关的设计社群和话题标签。

通过以上方法进行图案设计素材的调研，可以获取丰富的灵感和素材，为图案设计提供参考和支持。同时，还可以了解市场需求和竞争情况，为设计提供有针对性的指导和决策。

根据以上项目分析的思路，小陈采用了网络调研的方法展开了设计素材的调研。

小陈首先通过百度搜索引擎输入"牡丹花卉""彩墨花卉"文字，选择图片搜索模式，得到了牡丹花卉纹样素材图片，根据需要下载保存（图2-1-1）。

图2-1-1　牡丹及彩墨花卉素材

任务二　纹样设计表现

【任务导入】

小陈在完成纹样设计的调研与分析之后，进入了设计表现阶段，在这个环节分为两个部分，手绘阶段和计算机辅助设计阶段，为此小陈准备了毛笔、纸张和颜料开始了设计之旅。

【知识要点】

（1）彩墨牡丹的手绘表现。

（2）彩墨牡丹素材的计算机辅助设计。

【任务实施】

一、彩墨牡丹的手绘

彩墨牡丹的手绘过程可以分为以下几个步骤：

（1）准备工作：准备好绘画所需的材料，包括彩墨、毛笔、宣纸、水盘等。确保工作区域整洁，准备好所需的颜色和工具。

（2）轮廓勾画：用淡墨或铅笔轻轻勾画出牡丹的轮廓，注意捕捉牡丹的整体形状和结构。

（3）着色：选择合适的颜色，用毛笔蘸取彩墨，轻轻涂抹在宣纸上。可以先从花瓣的中心开始，逐渐向外扩散，注意控制好颜色的深浅和层次感。

（4）点染：用毛笔蘸取不同颜色的彩墨，轻轻点染在花瓣上，营造出花瓣的纹理和层次感。可以用不同大小的毛笔和不同的力度来表现花瓣的细节。

（5）线条勾勒：用细毛笔蘸取深色的彩墨，勾勒出花瓣的纹理和轮廓线条，突出花瓣的形状和结构。

（6）花蕊细节：用细毛笔蘸取深色的彩墨，细致地描绘花蕊的细节，包括花蕊的纹理和形状。

（7）完善细节：在整体完成后，可以仔细检查绘画的细节，修正不足之处，使整幅作品更加完美。

以上是彩墨牡丹的绘画过程的基本步骤，具体的绘画技巧和风格可以根据个人的喜好和经验进行调整和发展（图2-1-2、图2-1-3）。

二、计算机辅助设计

小陈手绘纹样完成后，导入计算机使用钢笔工具将牡丹花卉逐个抠图，然后运用图像调整中的色相、明度、纯度工具进行调整设计，形成美好的设计元素，为接下来的构图与层次设计做好准备。

图2-1-2　牡丹素材的手绘表现过程

图2-1-3　完成的牡丹素材

1. 建立新的文档

首先在计算机Photoshop软件"文件"中建立新的文件，根据服装坯布花卉常用最大尺寸5~7cm，所绘在纸面上有水平3朵、垂直2朵花卉的情况，文件大小可以为20cm×20cm，分辨率在200像素以上，颜色为CMYK，背景为白色。

2. 导入手绘图片

点击菜单栏中"文件"—"打开"。选择你想插入的图片，将这张图片加入新建页面中，你可以先在原先那张图中添加一个图层，然后选中后添加的图，按Ctrl+C复制图片所选区域，最后回到新添加的那个图层中，按Ctrl+V粘贴即可。

3. 抠图

（1）使用钢笔工具点击在起点添加锚点，然后点击添加第二个锚点，此时要按住鼠标不放，拖动方向线，直到路径贴合图像边缘。

（2）接下来很重要，按住 Alt 键，然后使用钢笔工具在第二个锚点上单击，此时方向线便会取消掉一个（这是为了不让方向线影响路径的走向）。

（3）用钢笔工具添加第三个锚点，然后按 Alt 键在第三个锚点上单击取消方向线。这里可以按住空格键临时切换为抓手工具调整图像位置，如果钢笔工具有一步绘制错了也可以按 Ctrl+Alt+Z 快捷键进行撤销。

（4）使用钢笔工具按照上面方法操作直到绘制完成整个路径，然后按 Ctrl+ 回车键直接将路径转化为选取。

（5）打开图层画板，隐藏背景图层，然后点击添加图层蒙版，钢笔工具抠图就完成了（使用蒙版可以对抠图再次进行修改）（图2-1-4）。

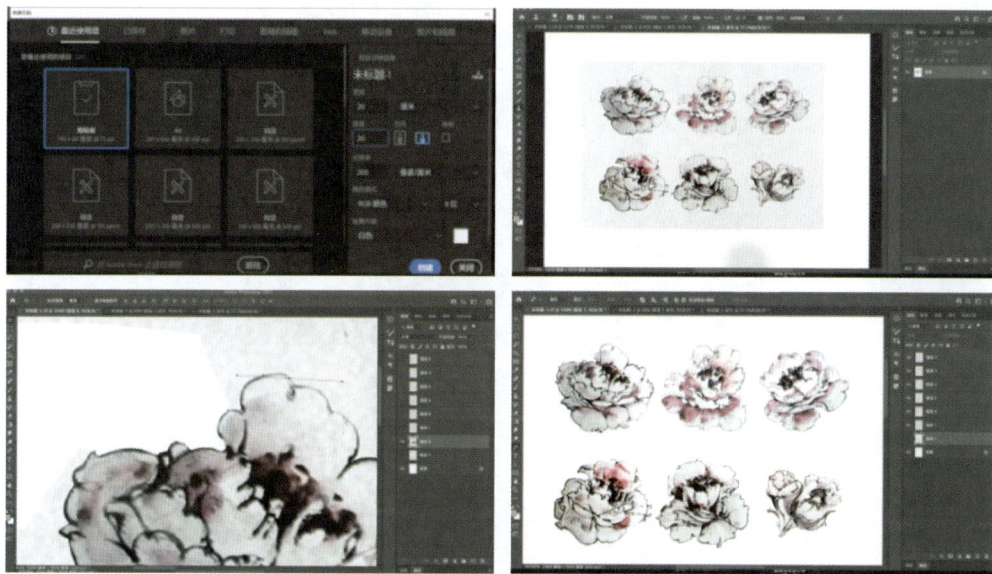

图2-1-4　计算机导入和抠图

任务三　构图与层次设计

【任务导入】

小陈在完成了单独纹样的绘画之后，进入了纹样构图及四方连续的设计排列阶段，这个环节要能够使表现的花卉元素均衡连续地排列在面料中，使纹样的设计符合生产工艺的要求。小陈接下来该怎么做呢？

【知识要点】

彩墨牡丹的构图与层次设计。

【任务实施】

在构图与层次设计方面，首先将主要纹样设计在单位画面的主要位置，依次将其他纹样素材排列，超出画面的部分需要通过辅助线上下吻合对应，完成一个单位的基本构图后将单位纹样根据要求进行排列，增加或者减少连接部分的设计元素，避免花路的出现（图2-1-5~图2-1-7）。

图2-1-5　构图与层次设计

图2-1-6　完成的印花面料纹样

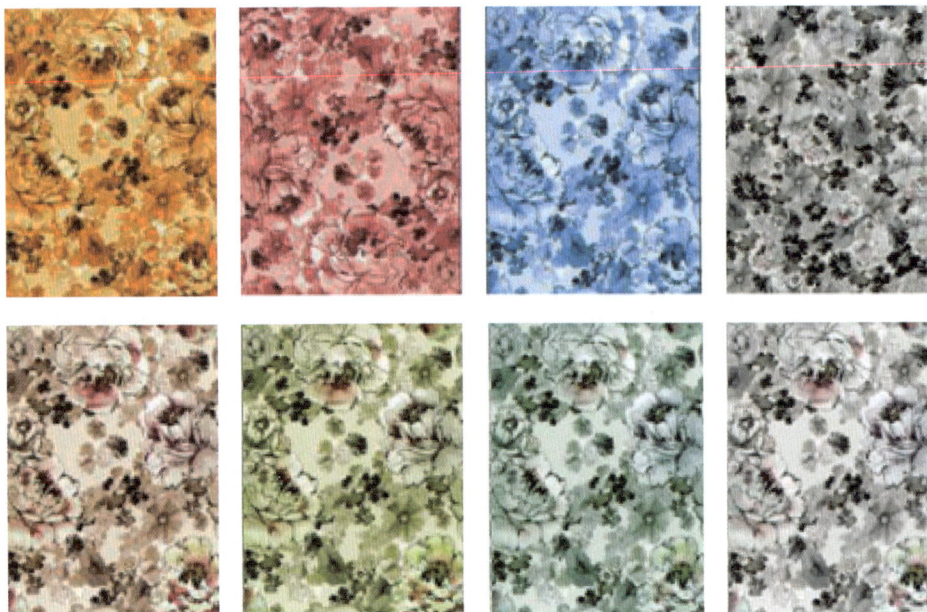

图2-1-7　纹样的系列色彩设计

任务四　系列色彩设计

【任务导入】

小陈在完成了构图与层次设计之后进入了纹样系列色彩设计阶段，这个环节小陈要完成一个系列不少于4个纹样的色彩搭配方案。

【知识要点】

（1）色彩的主题和调性。

（2）色彩的搭配和对比。

（3）色彩的重复和变化。

【任务实施】

在系列色彩设计中，要把握服装的色彩与构图之间的平衡关系。一般情况下，重点把握色块面积与构图之间的联系，面积按照"主色、副色、辅助色、补色"顺序由大到小分布。当然也不一定先有构图后有色彩，有的设计作品首先由色彩联想设计，再去选择恰当的构图，以更好地体现色彩的魅力（图2-1-7）。

具体的色彩设计应该以深墨色为主，灰色为过渡色，进行搭配，可以展现简约和时尚的感觉，灰色代表着稳重和内敛，与墨色的深沉形成了一种低调奢华的氛围。点缀少量红色展现出浓厚的中国传统文化氛围，因为红色代表着热情和喜庆，与墨色的深沉形成鲜明的对比。

服装色彩的最终效果是依附在人体上，是一个全三维的展示形式。尤其是对于质感特别明显的面料，光色与空间对服装色彩的影响强烈。即使是一种单一的色彩布料，在光的作用下，也会呈现一种简单的节奏美，并没有因为色彩的单一而乏味，相反呈现端庄、素雅的视觉美感。

任务五　展示应用设计

【任务导入】

小陈在完成了系列色彩设计之后进入纹样展示应用设计阶段，这个环节小陈要根据纹样的风格和特点，调研寻找与纹样风格相互协调的服装款式，通过服装款式、纹样导入计算机、服装造型结构抠图、纹样贴图、调整纹样贴合身体造型、正片叠底等设计环节完成。

【知识要点】

（1）与纹样风格一致的服装款式选择。

（2）计算机辅助设计服装效果。

【任务实施】

面料纹样在服装款式中的贴图设计是指将不同的纹样应用到服装设计中，以增加服装的视觉效果和吸引力。以下是小陈在面料纹样在服装款式中的贴图设计的步骤。

1. 打开设计软件

使用设计软件（如Adobe Photoshop）打开单色的服装款式的模板。

2. 导入纹样

将选好的纹样导入设计软件中，通过扫描、拍照纹样图片的方式进行导入。

3. 调整纹样的大小和位置

根据服装款式的需要，调整纹样的大小和位置，使其适应服装的不同部位。

4. 调整纹样的颜色

根据设计需求，调整纹样的颜色，使其与服装的整体色调相协调。

5. 添加纹样的效果

通过设计软件的工具和滤镜，添加阴影、光泽、透明度等一些特殊效果，以增加纹样的立体感和层次感。

6. 调整透明度和混合模式

根据需要调整纹样的透明度和混合模式，使其与服装款式的背景和其他元素融合得更加自然。

7. 导出贴图

完成贴图设计后，将其导出为适合使用的文件格式，如JPEG、PNG等（图2-1-8）。

设计说明

彩与墨，是一种韵律中的游走；彩与墨相谐，是转承之中的洇开；彩与墨的相生，是尽现一浓一淡之间的晕彩；彩与墨相知，是诗意的幽思和细致的体现；彩与墨的交融，是心与境的律动，温与柔的绵延。彩与墨赋予暗示，彩与墨不是措手不及的映衬，而是缓缓地从笔中渗出的质感和空间。那种玄妙的交融，是真正的和谐，真正的自然。材料：丝绸100%；工艺：数码印花

图2-1-8　完成的展示效果图

○ 项目二

"月下牡丹青山色" 题材服装面料纹样设计

◎ **教学目标**

（1）理解和掌握设计题材的含义、来源和文化背景，以便准确地表达这一主题。

（2）分析和了解目标受众的特点和需求，根据受众的喜好和需求进行创意构思。

（3）选择适合的面料类型，根据服装的款式和用途，将纹样设计与面料特性相匹配。

（4）运用色彩搭配的原理和技巧，选择适合的色彩搭配方案，营造出符合题材要求的氛围。

（5）运用图案设计的原理和技巧，创作出符合题材要求的纹样。

（6）合理安排纹样的排布方式，根据服装的款式和面料的特性，达到美观和实用的效果。

（7）进行创意构思，包括纹样的整体构图、细节处理、纹样的重复和变化等，展现设计题材的独特魅力。

（8）运用所学知识和技能，进行面料纹样设计的实践操作，完成设计题材的服装面料纹样设计作品。

"月下牡丹青山色"题材服装面料纹样设计（一）

◎ **项目导入**

达利国际集团有限公司为全球知名的丝绸类纺织服装企业，纺织面料纹样设计室计划开发一款主题为"月下牡丹青山色"的丝绸面料纹样，作品符合25~45岁女性审美要求，具有中国传统文化素材，色彩以黑色为主色调，辅以金黄色和红色，附有纹样应用的效果图。设计室主任李红梅给设计师马心岗布置了设计任务，要求在5个工作日完成。

任务一　项目分析与创意构思

【任务导入】

基于本次项目主题"月下牡丹青山色"纹样设计要求，马心岗（以下简称"小马"）考虑采用北宋画家王希孟的《千里江山图》为设计灵感，结合象征国色天香的牡丹花、延年益寿的飞天仙鹤等元素，设计开发一款既有中国传统文化，又符合当代时尚特点的纺织服装面料纹样。

【知识要点】

（1）中国传统绘画《千里江山图》的绘画特点。

（2）富贵牡丹、中国仙鹤的造型特征及精神寓意。

（3）设计纹样在现代服装款式设计中的应用。

【任务实施】

一、项目分析

设计师小马根据作品主题"月下牡丹青山色"设计要求认为，该纹样设计要体现宏伟与秀丽、富贵与常青、时尚与娇艳三个特点，在创作过程中可以采用山川大河、青绿山水、三色牡丹、飞天仙鹤等元素来表现。在趋于传统元素设计的过程中，将点线面元素等构成形式直接地融入与呈现，在服装款式的设计中对传统旗袍式样进行改良与夸张，表现女人的性感，实现作品的时尚与娇艳（图2-1-9）。

创意构思		
宏伟、秀丽	富贵、常青	时尚、娇艳
山川大河 青绿山水	三色牡丹 飞天仙鹤	几何构成 款式性感

图2-1-9　纹样构思示意图

同时小马还认真查阅了设计要素的一些资料，了解到《千里江山图》作品画面细致入微，烟波浩渺的江河、层峦起伏的群山构成了一幅美妙的江南山水图，渔村野市、水榭亭台、茅庵草舍、水磨长桥等静景穿插捕鱼、驶船、游玩、赶集等动景，动静结合，恰到好处。《千里江山图》画卷，不仅代表着青绿山水的发展历程，而且集北宋以来水墨山水之大成，并将创作者的情感付诸创作之中（图2-1-10）。

图2-1-10　王希孟《千里江山图》

富贵牡丹：在清代末年，牡丹就曾被当作中国的国花。正如唐代刘禹锡诗中提及："庭前芍药妖无格，池上芙蕖净少情。唯有牡丹真国色，花开时节动京城。"牡丹花色泽艳丽，玉笑珠香，风流潇洒，富丽堂皇，素有"花中之王"的美誉（图2-1-11）。

图2-1-11 牡丹素材

中国仙鹤：鹤在中国文化中有崇高的地位，特别是丹顶鹤，是长寿、吉祥和高雅的象征，常与神仙联系起来，又称为"仙鹤"。仙鹤也是鸟类中最高贵的一种鸟，代表长寿、富贵。人们将鹤精神化、人格化，用白鹤来比喻高尚的品德（图2-1-12）。

图2-1-12 仙鹤素材

二、创意构思

小马根据本次设计的项目主题要求，结合所调研的山水、牡丹、飞鹤等素材，参考传统旗袍改良预设服装款式，在面料纹样设计的构图方面，以《千里江山图》中的青山绿水素材为画面基础饰以画面底部，保持画面构图的稳定性，配以国画牡丹上下衬托，表现中华大地秀美与壮丽，飞天仙鹤，云纹松梅表达对祖国的祝福，同时以点状网格图形、放射形线条图形分区域叠底在传统元素上，增加画面的透叠感和层次感，营造出一种既传统又时尚的画面效果，根据需要设计成服装定位花面料纹样（图2-1-13）。

图2-1-13　创意设计初稿思路

任务二　纹样设计表现

【任务导入】

小马在完成了纹样设计的调研与创意分析之后进入了设计表现阶段，在这个环节他把设计任务分为两个部分：青绿山水、牡丹、飞鹤等素材手绘阶段和计算机辅助设计阶段，为此小陈准备了毛笔、纸张和颜料开始了纹样元素的设计表现。

【知识要点】

（1）青绿山水、牡丹、飞鹤等素材手绘表现。

（2）设计素材的计算机辅助设计。

【任务实施】

"月下牡丹青山色"题材服装面料纹样设计（二）

一、设计元素的手绘表现

1. 青绿山水手绘表现

小马根据中国山水画的构图法则展开本幅作品的设计表现，他首先用铅笔轻轻地把山体由左到右确定出来，中心部分为长桥和亭子的位置，右边的山体在画面的黄金分割的位置上为主，左边的山体为次要，远处的山为辅，在刻画的时候主要的山体要做重点的刻画。画山体轮廓的时候要注意山体的造型特征，为多个"A"字形组合的造型特征，依照中国画山水的虚实、疏密、轻重等章法，依次把山水的位置确定出来，轮廓画好（图2-1-14、图2-1-15）。

2. 牡丹铅笔稿手绘表现

小马认为画牡丹花首先要了解花的结构，牡丹花主要由花冠、花蕊、花瓣、顶茎叶、萼片、叶枝、茎、花芽、苞片、老干、新枝、叶子组成（图2-1-16）。

在具体表现时采用三种不同的线条表现花卉不同的位置，这三种基本线条分别是光挺、圆润的平直线，表现物体的转折面和裂口的顿挫线，表现花的动感和花瓣的薄度的颤线。所谓平直线也就是光挺、圆润的线条如图2-1-17所示。

图2-1-14 青绿山水素材绘画过程

图2-1-15 青绿山水手绘图

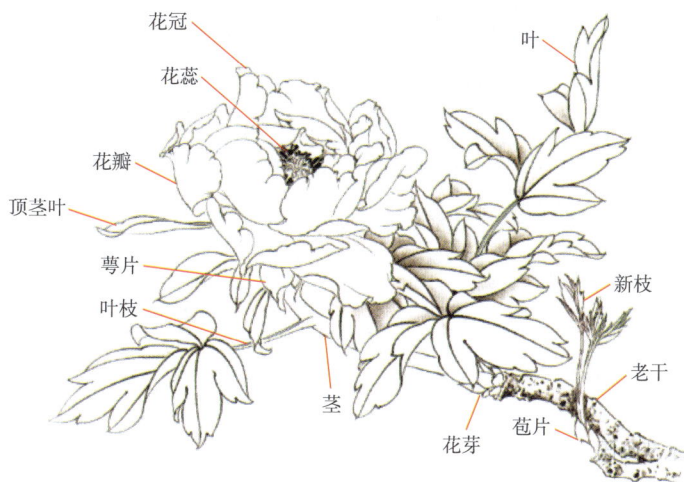

图2-1-16 牡丹花的结构和名称

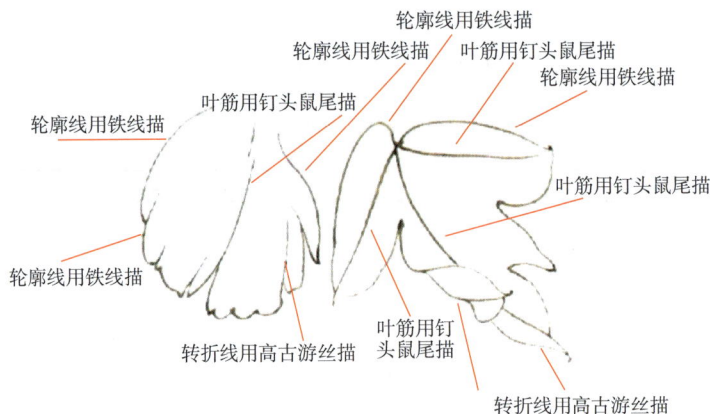

图2-1-17　三种不同的线条表现叶子

顿挫线用于表现物体的转折面和裂口，颤线表现花的动感和花瓣的薄度（图2-1-18、图2-1-19）。

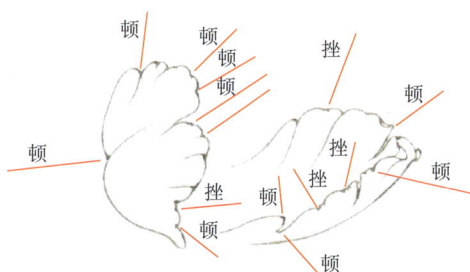

图2-1-18　花瓣裂口的绘画表现

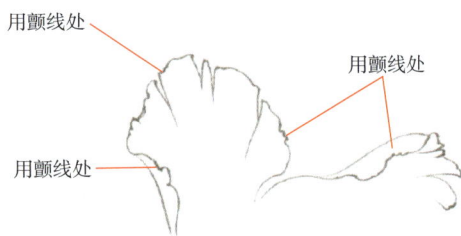

图2-1-19　颤线表现花瓣的薄度

牡丹铅笔线稿的步骤是先勾花冠，如果有两朵以上的花冠，应先画主花、大花、前面的花。总之，要表现出花冠丰满、娇嫩的质感和丰富的层次关系。牡丹花冠的线描步骤一般说来起笔是从最前的一瓣画起，向后逐步推进，把花头包起的部分画完，画外层背起的部分，从前面的画起，依次完成所有的花瓣。虽说是铅笔，但是在表现牡丹花的时候依然是要通过平直线、顿挫线、颤线表现牡丹花的转折面和裂口和花的动感和花瓣的薄度。然后勾叶，一次勾完所有的叶，一幅画中，叶的交错比较复杂，勾时应分组，一组一组去完成，并且分清每组叶的前后、老嫩、主次关系，在统一中力求把握它们之间的区别，一般的规律是前面的叶线粗，后面的叶线细。牡丹叶的线描步骤一般是先画叶子的主脉，再画副脉，然后画前半缘的靠叶柄部、翻卷牡丹叶的勾线方法与步骤一般是先画第一个翻卷在最前面的叶子，这条线应粗，要注意叶尖的关系，第二个翻卷也应粗些，但要比第一个翻卷的线条细，注意前后两条边缘线，粗细变化应明显。成组的牡丹叶的线描勾线步骤一般先画中间一组叶子，这组叶子的线条应强调，再画离得近的一组，最后画较远的一组，这组叶子的线条应比较弱。画完叶片后画叶柄，叶柄线条应更弱，特别是与叶相交的地方，注意它们之间的争让关系（图2-1-20）。

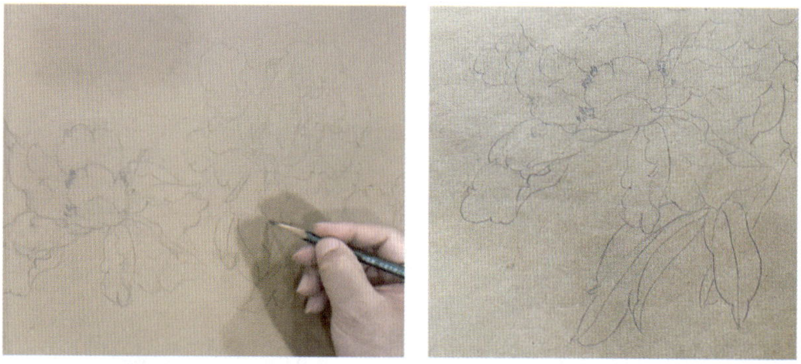

图2-1-20 牡丹铅笔线稿

粉红色牡丹画法及步骤：本次牡丹花卉的表现参考了中国工笔画的画法，采用晕染和接染的方法。所谓晕染，就是水笔在色块的四周旋转，将一块色彩向四周染开。画牡丹花瓣时即是采用此法，反瓣根部的着色也时常会采用此法。

第一步：曙红水从根部往瓣尖统染花瓣，这时候不需考虑花瓣的结构、瓣尖掩映等细小变化，主要就是分染花瓣本身的固有色变化。曙红水统染后开始用稍浓一些的曙红分染花瓣的结构关系。此时的分染主要集中在花瓣根部和花瓣的结构转折、掩映部分。

第二步：浓曙红提染根部以后，再用胭脂提染最深处，中等浓度的曙红刻画一下瓣尖的细微结构变化。

第三步：染足明暗关系后用稍浓的白色从瓣尖往根部画，用水笔与花瓣根部的深色曙红自然接染，不要每一片花瓣都染到，而主要提染花瓣的最亮面和离创作者最近的几片花瓣，粉不可过厚，过厚易显得匠气。

第四步：反瓣的根部、转折线的边缘此时都可不留水线。反瓣先用白色平涂打底，用淡曙红继续分染，靠近根部的地方留一条水线。一是为了能和正瓣分开，二是为了求取装饰趣味（图2-1-21）。

图2-1-21 粉红色牡丹画法及步骤

灰绿色、朱红色牡丹画法及步骤：花头用汁绿色（草绿＋藤黄）从花瓣的根部往中间统染，染出花瓣之间的掩映关系。用汁绿色分染出花瓣的褶皱和起伏，花瓣最深处用用墨绿色提染，花蕊外缘用淡白色提染亮面（图2-1-22）。

　　雄蕊的花药点得应有大小的变化，也应分三组、三点一组、五点七点一组等，呈"⋮"状，外形应有参差不齐的变化，花蕊是花的眼睛，应很重视。花蕊/花丝着色的画法，首先用白色打底，白粉提花丝，藤黄加白粉点花蕊。可与花瓣产生强烈的对比效果，因此更加漂亮鲜艳。

图2-1-22　灰绿色、朱红色牡丹画法及步骤

　　正叶先平涂淡翠绿色（酞菁蓝＋藤黄＋少许翡翠绿），然后用墨青色（花青＋墨）继续分染。最后用中墨提染暗面，调整叶子大组之间的整体明暗关系。勾勒出花丝，用黄色覆盖罩染。

　　反叶、萼片以及花茎暗部先用淡墨绿色（草绿＋少许墨）分染，然后对反叶、花茎、枝梗、萼片、托叶、芽孢平涂汁绿。

　　枝干暗面用淡墨皴擦结构，然后平涂淡赭石色，最后用中墨皴擦并分染后罩赭石。

　　最终完成手绘牡丹纹样素材（图2-1-23）。

图2-1-23　手绘完成的牡丹色彩

3. 飞鹤色稿手绘过程

传说中仙鹤就是丹顶鹤,性情高雅,形态美丽,素以喙、颈、腿"三长"著称,直立达一米多,看起来仙风道骨,被称为"一品鸟",地位仅次于凤凰。仙鹤羽色朴素纯洁,体态飘逸雅致,鸣声超凡不俗,常被文学家作为主题称颂,在《诗经·小雅·鹤鸣》之中就有"鹤鸣于九皋,声闻于野",对鹤的精彩描述。在古代神话和民间传说中仙鹤被誉为高雅、长寿的象征(图2-1-24)。

图2-1-24 飞鹤素材

仙鹤是用白粉画在仿古牛皮纸上,充分考虑大小、轻重、主宾、疏密、虚实。丹顶鹤主体为白色,在仿古纸映衬下,显得格外精神,洋溢着青春的活力与魅力(图2-1-25)。

图2-1-25 仿古纸上绘画仙鹤的过程

为了将丹顶鹤的结构与羽毛的质感淋漓尽致地表现出来,先染后丝,画得虚虚实实、蓬蓬松松。用淡墨勾出仙鹤羽毛的结构时,注意羽毛结构的疏密、用笔的轻重,用浓墨画出黑色羽毛,注意笔墨的干湿变化,用淡灰色顺着羽毛结构进行渲染,以增强羽毛的质感。仙鹤头部,首先用浓墨画出仙鹤的嘴,勾勒出眼睛和额头交接线。用浓淡墨色画出仙鹤的脖子。用朱砂调点曙红画出仙鹤的红顶，同时用淡墨勾出头部轮廓。

画松梅时，先用淡墨勾点梅花枝干，再用较重墨色勾写出细枝，注意勾枝时，应有断有连，预留出画梅花的位置。然后侧锋皴出老干，点苔注意聚散。勾花点蕊，之后在梅花下画松枝，主干冲出画外，然后以中锋画出轮状松针。松针排列虽属辐射状，但要错落有致。老干鳞皴破墨微干，以中侧锋互用画出鳞状树皮。

二、计算机辅助设计

抠图方法多种多样，但如果想很细致地把想要的抠出来，还是需要用钢笔工具抠图的，可能刚接触钢笔工具的朋友会不习惯，但使用熟练以后就好了。现在给大家详细说明钢笔工具的用法。

"月下牡丹青山色"题材服装面料纹样设计（三）

1. 青绿山水画稿计算机辅助设计

把需要用钢笔工具抠图的山水素材放入 Photoshop 的界面中，复制这个素材到背景副本一份，然后点击"钢笔工具"准备在这个背景副本上进行抠图操作，鼠标依次点击山体的边缘，边缘的选取尽可能靠近山体的内侧，这样抠出来的图形另外放在一个其他颜色的空间里不会有明显的边缘感，可以将山体分为多个区域分别抠图，抠图线条直到快要围成一个外围的"钢笔工具"轨迹线路为止，最后快要连接成封闭图形的时候，鼠标双击一下即可。随后即可看到采用"钢笔工具"绘画出的初步抠图效果，在刚刚建立的初步效果图中，可以看到这个山体周围的边缘十分生硬，抠图效果肯定不好。因此，需要贴边把这些生硬的直线变成圆滑曲线。点击"钢笔工具"中的"添加锚点工具"，点击这个"添加锚点工具"后，在比较生硬的直线上进行点击操作，然后会出现一个"曲轴连杆"，调节这个"曲轴连杆"的方向去适应山体边缘的弧度，根据自己情况来选择调整锚点和边缘弧度的贴近程度，如此耐心地重复以上"添加锚点"操作，直到整个山体边缘都能被很好地框选进去即可，此时按住快捷键 Ctrl+Enter 会把刚刚用钢笔工具建立而成的路径曲线变成山体周围的选区线条，然后按住快捷键 Ctrl+J 进行选区山体部分的新一个图层的复制，并且隐藏下面两个图层的"小眼睛"，就能够看到刚刚采用"钢笔工具"抠图的效果了（图 2-1-26）。

2. 牡丹画稿计算机辅助设计

打开 Photoshop 软件，导入手绘牡丹手绘画稿，在左侧工具栏中选择"钢笔工具"，在顶部属性栏中选择"路径"开始抠图。选择好钢笔工具后，在想要抠图的花卉边缘选择一个起点位置，点击一下"起点位置"可以根据自己的喜好来选择。然后从一个方向开始建立一个锚点，到需要尖角或直角转折时，左手按住 Alt 键，鼠标左键点击一下锚点，这个锚点的控制杆就没有了。然后继续沿着边缘慢慢抠，可以把抠图的边缘稍微靠花瓣内侧一点，这样不会留下花外边的环境色，更干净。遇到大的弯度，可以用两个锚点的控制杆完成弧度的转弯。抠图抠一圈后，最后连接到最后的起始锚点位置。按边缘抠图完成后，放大检查一下，如果有没有抠好的，可以在左侧钢笔工具里选择添加锚点工具，选择想要移动的锚点，往左移动一下到花瓣边缘位置，都调整好以后，缩小图片，可以看到抠好的路径效果，然后按快捷键Ctrl+Enter，抠好的路径会自动变成曲线选择框。再按快捷键Ctrl+J，就会复制出抠好的花，并自动建立一个图层，把图层里的背景层隐藏，就可以看到抠好的牡丹花的效果了（图2-1-27）。

图2-1-26 青绿山水计算机辅助设计抠图过程

图2-1-27 牡丹计算机辅助设计抠图过程

3. 仙鹤画稿计算机辅助设计

在Photoshop里打开需要抠图的飞鹤图片，按Ctrl+J复制一个图层，养成好习惯。然后找到钢笔工具，钢笔工具位于工具栏的下边，形状是个钢笔状。然后点击一个锚点，沿着需要扣的飞鹤图形的边缘拖动，根据自己的把握会产生合适的弧线，如果不拉动另一个点，它就会成为直线。记住，拉动时不能松开鼠标。当按住Ctrl键就会变成一个白色的箭头，就可以随意的移动锚点和箭头的方向，也可以删除锚点。接下来按Alt键再点一下点可以消掉拖动时产生的方向控制箭头，再继续向你要扣的物体边缘慢慢抠。放大图像进行更加仔细的操作。把最后一个点连接上第一个点后，闭合路径，就扣好了。最后按Ctrl+回车键就可以变为选区，可以按住Crtl+J把抠好的选区复制出来，也可以Ctrl+Shift+I反向选择选取直接delete键删除非主体物，将飞鹤图形抠好以后，将梅花和松枝图形按照之前的抠图方法完成（图2-1-28、图2-1-29）。

图2-1-28　仙鹤计算机辅助设计抠图过程

图2-1-29　仙鹤计算机辅助设计完成图

三、点状虚面图形设计

在Photoshop中首先建立一个白色的空白界面，为了点位的均衡，建议点击"视图"—"显示"—"网点"，选择一个固定的点位点击"选择"工具画出圆形小点，填充黑色，多次复制小点等距离依次从左向右排列，合并图层形成由点组成的水平线，多次复制图层使水平点状线依次由上向下排列，形成点状虚面，以备在面料组合设计过程中使用（图2-1-30）。

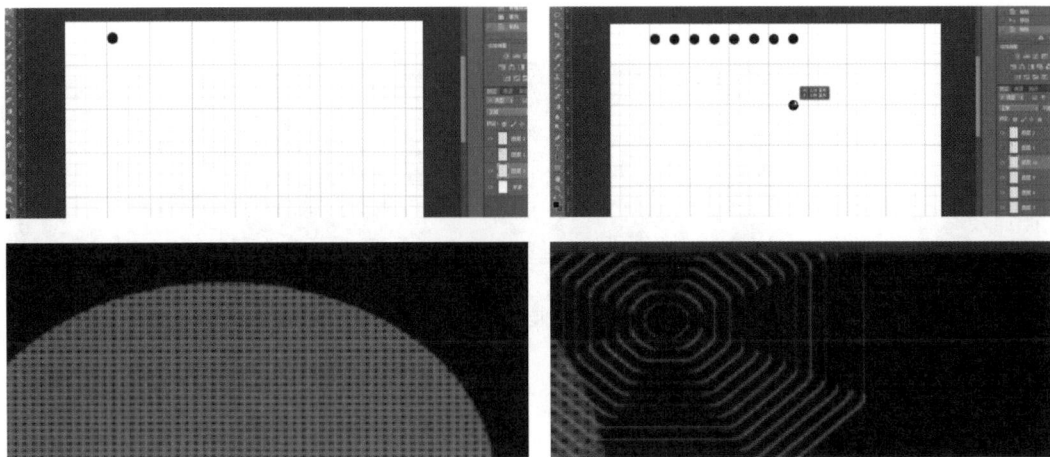

图2-1-30 点状虚面图形设计

蛛网图形的设计。在建立的白色空间里，建议点击"视图"—"显示"—"网点"，选择一个固定的点位，点击选择工具画出圆形小点，然后点击"选择"—"扩大选区"，尝试选择的数据为20像素，点击"描边"工具，选择线条的宽度为7像素，形成描边线条，重复这一设计过程，形成不断扩大的圆形线条图形，以备在面料组合设计过程中使用。

任务三　构图与层次设计

【任务导入】

小马在完成了纹样素材的手绘和计算机辅助设计之后进入了构图与层次设计阶段，面料是构成服装最主要的物质材料之一，它包含了质地、纹样与色彩等方面。他认为面料能体现服装的主体特征，给人以深刻的印象。在本项目的面料纹样设计中，采用印花生产工艺，为了体现服装的华丽、秀丽、富贵、常青、时尚、娇艳，前期通过手绘、计算机辅助设计了青绿山水、富贵牡丹、飞鹤松梅、虚面线网等元素，进入面料纹样素材的设计组合设计阶段。

【知识要点】

（1）设计元素之间的空间、疏密、大小、穿插关系。

（2）计算机辅助设计青绿山水、牡丹仙鹤元素的构图。

【任务实施】

1. 文档的建立与山水素材的导入

首先Photoshop软件中根据面料定位花需要建立一个40cm×70cm的文件，考虑采用数码喷绘工艺，为了保证画面清晰，分辨率定为300像素。根据面料设计风格，先将画面的主色调填充为黑色底面，然后将主元素山水、长桥等设计元素导入画面，从画面的稳定性考虑将青绿山水置于画面的下端，远山的位置暂不确定，根据其他元素的介入，在之后根据需要调整（图2-1-31）。

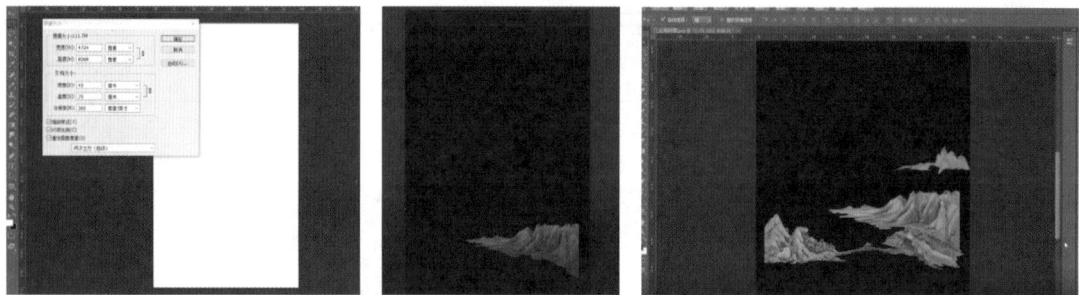

图2-1-31　山水、长桥设计元素导入画面的构图与层次设计

2. 牡丹素材的导入与调整

将次元素牡丹花导入画面，置于画面的左上角，然后将飞鹤、松梅导入画面，将飞鹤作为点来考虑，丰富画面的空间营造出一个自上而下的"S"形视觉曲线，形成流畅的、良好的视觉次序。

3. 点状圆形虚面辅助素材的导入与调整

将点状圆形虚面和放射状线条图形导入画面，复制粘贴该图层形成若干个点状圆形虚面，调整明度、透明度形成不同的主次前后关系，通过"叠底"工具使虚面和线条与山水和牡丹画面形成透叠关系，丰富画面的前后层次关系。在画面中导入松、梅、云等元素，丰富画面，强调画面的主题寓意，复制粘贴牡丹花上下呼应，烘托热烈的氛围，增加飞鹤的数量使整个画面灵动、均衡和协调（图2-1-32）。

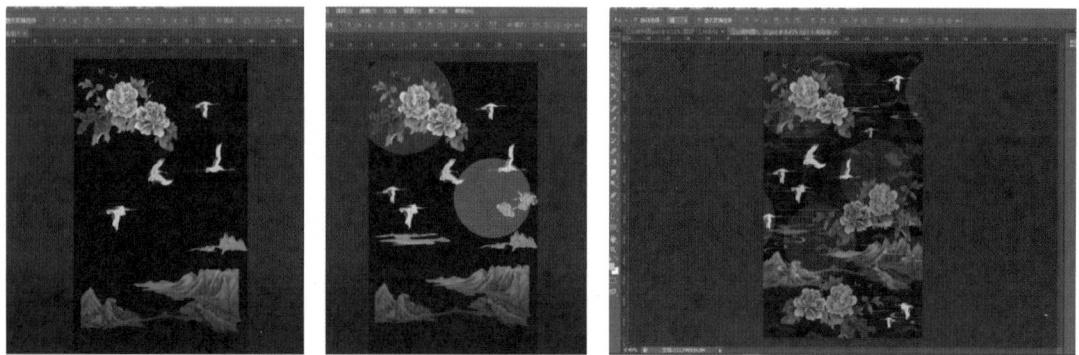

图2-1-32　山水、牡丹、仙鹤设计元素的构图与层次设计

画面的现代感和时尚感，来自"点""线"以直白形式出现，在本设计中正是以点所构成的虚面和线所组成的放射状图形体现，与青绿山水和牡丹花卉叠底后，无论是题材素材，还是表现手段都产生古与今、过去与现代相互融合的视觉效果。

4.整体素材的统一和调整

在组合设计的过程中不断地对每个设计元素的边缘进行细化调整，做到精细化设计，使画面的设计品质得到保证，为了使山体上部有光照的效果，将山体复制成上、下两个部分，提高山体上部的明度。将图形之间的连接处通过图章工具处理形成无缝无痕的效果。

总之，作为一个完整的设计纹样，必须具备自身独有的特征，或者是立意，或者是图形，或者是结构，或者是色彩，既要与初始的设计理念相吻合，又要突出其自身的个性特点，既要符合市场的需求，又要符合艺术设计的规律（图2-1-33）。

图2-1-33 部分完成的构图与层次设计

任务四 服装效果图手绘表现

【任务导入】

小马在完成纹样的构图与层次设计之后进入了服装效果图手绘表现阶段，他通过查阅资料了解到服装款式和面料是服装设计的两个重要因素，直到20世纪50年代，服装设计的变化还是以款式设计为主，但自20世纪80年代起，面料在服装设计中的地位已经超越了款式设计，上升至第一位，成为服装设计师施展才华的舞台（图2-1-34）。

"月下牡丹青山色"题材服装面料纹样设计（四）

图2-1-34 服装款式和面料

【知识要点】

（1）服装效果图的功能性。

（2）服装效果图的艺术性。

（3）服装效果图手绘表现。

【任务实施】

服装效果图应用手绘表现首先要了解人体的比例（图2-1-35）。一般真实的人物是七八个头高。时装人物模型通常是从一个十个头高的模特开始。具体手绘步骤如下。

（1）分隔：通过一个分隔步骤将人定为十个头高，以此拉长的时装人物模型比例。然后找出辅助线。最重要的是人体重心线。重要肩线在第二个头长的二分之一处，向右倾斜。腰线在三个头长处向左倾斜。胯线在第四个头长向左倾斜，膝盖线在第六个头长也向左倾斜。肩线和腰、胯、膝盖线的倾斜度相反。脚口线在第九个头长处。

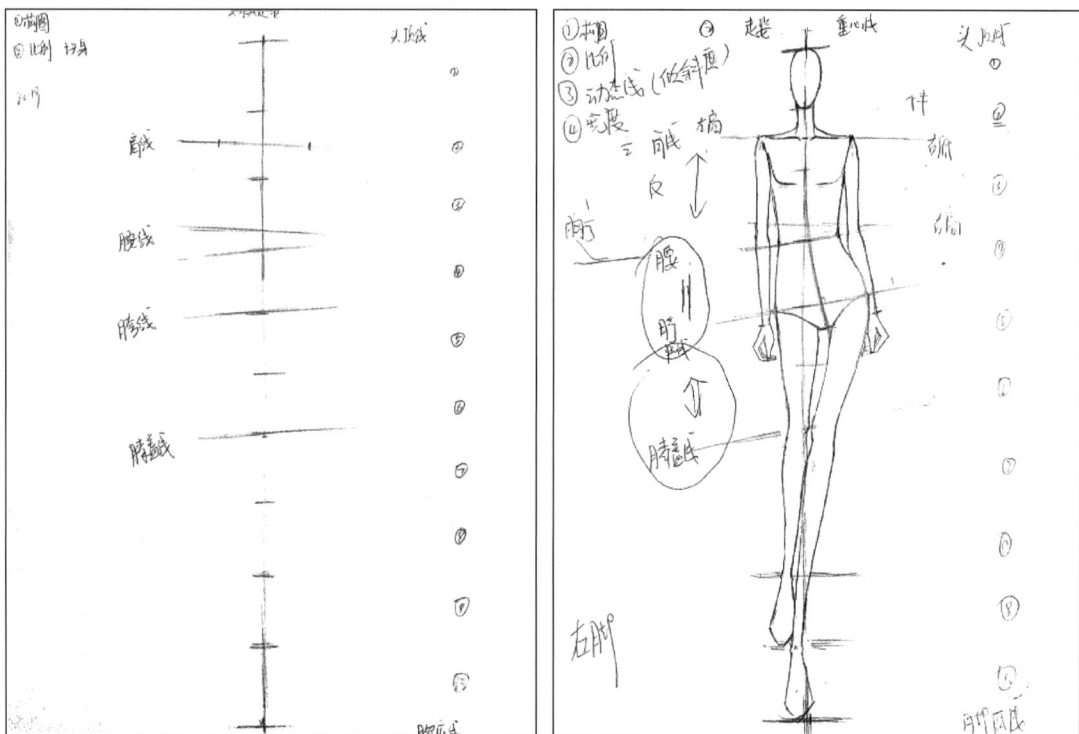

图2-1-35　人体的比例和动态

（2）着装：画好人体之后根据款式图进行人体着装，同样也是从上往下画，一般先从领口画起，注意领口、袖口和脖子手臂的结构关系，再画好衣服，接着把裙子完善注意裙褶的起伏及前后透视关系，注意裆部和胯部的走向。注意衣服和手臂的遮挡关系，完成头部和手脚的表现（图2-1-36、图2-1-37）。

（3）肤色表现：用毛笔先铺一遍比较浅的肤色，注意留白，然后叠加深色。

（4）头发、眉毛和眼睛：先画淡灰色打底，再画深色，注意留出高光。

图 2-1-36 人体着装

图 2-1-37 手绘系列服装效果图

任务五 计算机辅助设计服装效果图

【任务导入】

小马在完成绘制的服装设计款式之后,考虑到为了使得服装设计效果更加真实,更好地展示和呈现自己的设计作品。更快速、准确地完成设计工作,并且可以方便地进行修改和调整,提高工作效率和设计质量,决定采用计算机辅助设计。

【知识要点】

(1)计算机软件:熟悉并掌握Photoshop软件的使用,了解软件的界面、工具和功能,能够进行基本的建模、编辑和渲染操作。

（2）服装设计原理：了解服装设计的基本原理和流程，包括服装的结构、剪裁、缝制和装饰等方面的知识。

（3）材质和纹理：了解不同面料的特性和质感，掌握如何在Photoshop软件中选择和应用合适的材质和纹理，这将使你的服装设计更加真实和逼真。

（4）光影效果：了解光线的基本原理和效果，掌握如何在Photoshop软件中调整光源的位置、强度和颜色，以及如何使用阴影和反射来增强服装的效果。

（5）透视和变形技巧：了解透视和变形的原理和技巧，掌握如何在Photoshop软件中进行透视变换和形变处理。这将帮助你调整服装在不同角度和姿势下的形状。

（6）配饰和细节处理：了解不同配饰和细节的种类和应用，掌握如何在Photoshop软件中添加和处理配饰和细节，如纽扣、拉链、褶皱等。

（7）色彩和渲染技巧：了解色彩的基本原理和效果，掌握如何在软件中调整服装设计的色彩和渲染效果，使其更加真实和吸引人。

【任务实施】

计算机辅助绘制服装效果图的步骤如下。

1. 使用绘图软件

打开绘图软件，如Photoshop、Adobe Illustrator或CorelDRAW等。这些软件提供了丰富的绘图工具和功能，可以绘制服装效果图。

2. 创建服装人体模板、绘制服装轮廓

在绘图软件中，创建一个服装人体模板。使用绘图工具，如画笔工具或形状工具，来绘制服装的轮廓和基本形状（图2-1-38）。

图2-1-38　创建服装人体模板

3. 添加面料和纹样

使用绘图软件中的绘图工具和效果，添加服装的面料和纹样。可以使用画笔工具来绘制服装的图案、纹理和细节，也可以使用填充工具来添加颜色和纹理（图2-1-39）。

图2-1-39　添加面料和纹样

4. 调整颜色和阴影

根据需要，可以使用绘图软件中的调色板和渐变工具来调整服装的颜色和阴影效果，使其更加逼真和生动（图2-1-40）。

图2-1-40　调整颜色和阴影

按照此方法和步骤完成其他5款服装效果图的绘制，如图2-1-41所示。

图 2-1-41　完成的服装效果图

5. 添加背景和配饰

如果需要，可以在绘图软件中添加背景和配饰，以增强服装效果图的整体效果。可以使用绘图工具和效果来绘制背景和添加配饰（图2-1-42）。

图 2-1-42　添加背景和配饰

6. 保存和导出效果图

完成绘制后，保存效果图。可以选择将效果图保存为绘图软件的原始文件格式，以便日后进行修改和编辑。同时,也可以导出效果图为常见的图片格式,如JPEG或PNG,以便在其他平台上使用和分享。

任务六　印花面料数码喷绘

【任务导入】

设计室主任李红梅看了小马设计完成的服装效果图,点了点头,告诉小马可以进入纹样的数码喷绘环节了,她说:"小马,你的设计图看起来很不错,我们可以开始进行纹样的数码喷绘了。首先,我们需要将设计图加载到数码喷绘打印机中,并根据面料的特性和设计要求调整打印机的参数。确保面料干净、平整,并进行必要的预处理工作。其次,我们可以开始打印图像了。在打印过程中,要确保面料保持平整,避免出现移位或扭曲的情况。打印完成后,需要对印花进行固定处理,以确保印花图案的耐久性和色彩稳定性。最后,根据需要进行必要的后处理工作,如剪裁、缝制、熨烫等。请你准备好面料和设计图,开始进行数码喷绘。如果有任何问题,请随时向我提问。"

【知识要点】

(1)Photoshop图像设计和编辑的基本操作。

(2)数码喷绘打印机的操作方法和参数调整。

【任务实施】

印花面料数码喷绘工艺流程一般包括以下几个步骤。

1.设计准备

首先,需要进行设计准备工作。设计师根据需求和创意,使用设计软件进行花型设计和色彩搭配。设计师还需要将设计文件转化为适合数码喷绘的格式,如JPEG或TIFF。

2.面料准备

选择适合数码喷绘的面料,并进行预处理。预处理包括洗涤、漂白、染色等工艺,以确保面料的质量和颜色的稳定性。

3.喷绘准备

将面料固定在喷绘机上,并进行调整和校准。调整包括调整喷绘机的喷头、喷墨量和喷绘速度等参数,以确保喷绘效果的准确性和一致性。

4.数码喷绘

根据设计文件,将颜料喷射到面料上。数码喷绘机通过喷头喷射颜料,将设计图案和色彩直接印在面料上。数码喷绘机可以实现高精度和高速度的喷绘,同时可以实现多种颜色和效果的喷绘。

5.固化处理

喷绘完成后,需要进行固化处理。固化处理可以通过热压、蒸汽、紫外线等方式进行。

固化处理可以提高喷绘图案的耐久性和色彩的稳定性。

6. 后处理

固化处理后，需要进行后处理工作。后处理包括清洗、熨烫、裁剪等工艺，以确保面料的质量和外观。

以上是印花面料数码喷绘工艺流程的一般步骤。不同的喷绘机和面料可能会有一些细微的差异，但整体流程大致相同。数码喷绘工艺具有高效、高精度和多样化的特点，广泛应用于印花面料的生产和设计中（图2-1-43）。

图2-1-43　印花面料纹样在服装款式中的应用

最后通过数码喷绘打印设计印花面料纹样（图2-1-44）。

图2-1-44　印花面料纹样的数码喷绘

○ 项目三 / "青云隐约见龙纹"题材服装面料纹样设计

◎ 教学目标

（1）理解和掌握设计题材的含义、来源和文化背景，以便准确地表达这一主题。

（2）分析和了解目标受众的特点和需求，根据受众的喜好和需求进行创意构思。

（3）选择适合的面料类型，根据服装的款式和用途，将纹样设计与面料特性相匹配。

（4）运用色彩搭配的原理和技巧，选择适合的色彩搭配方案，营造出符合题材要求的氛围。

（5）运用图案设计的原理和技巧，创作出符合题材要求的纹样。

（6）合理安排纹样的排布方式，根据服装的款式和面料的特性，达到美观和实用的效果。

（7）进行创意构思，包括纹样的整体构图、细节处理、纹样的重复和变化等，展现设计题材的独特魅力。

（8）运用所学知识和技能，进行面料纹样设计的实践操作，完成设计题材的服装面料纹样设计作品。

"青云隐约见龙纹"题材服装面料纹样设计

◎ 项目导入

杰客（杭州）服饰有限公司是一家立足于国际视野，站在时尚前沿的国际化品牌服饰公司，产品研发室计划开发一款主题为"青云隐约见龙纹"纹样的紧身衣服装，以满足20~45岁男女性对能够在人的皮肤上刻画出理想的画面、留住记忆的需求。通过紧身衣的形式传达自己的审美需求，紧身衣纹样以东方龙文化素材为主，色彩以深色为主色调，辅以红色、黄色和绿色，需附有纹样应用的效果图。设计室主任万捷给设计师柏鹿布置了设计任务，要求在5个工作日完成。

任务一　项目分析与创意构思

【任务导入】

基于本次项目主题"青云隐约见龙纹"纹样设计要求，柏鹿（以下简称"小柏"）设计师认为龙纹在东方是一种权贵、地位、财富、智慧的综合表现，具有特殊意义的龙纹图案，代表着中国人的一种信仰。所以，小柏拟将中国传统龙纹与现代动漫流行元素应用于紧身衣服装中，以龙纹形式进行花型设计。

【知识要点】

（1）龙纹造型特征、设计的原理和技巧。

（2）龙的形态、姿势、鳞片等细节，以及与青云相融合的元素。

（3）龙纹在服装中的设计表现、构图及应用效果图设计。

【任务实施】

一、项目分析

根据作品主题"青云隐约见龙纹"设计要求，该纹样设计要体现出一种轻盈、飘逸的感觉，同时又能够展现出龙纹的神秘和力量。设计师可以运用细腻的线条和柔和的色彩来表达这种隐约感，使纹样看起来像是在云雾中若隐若现的龙纹。将"青云隐约见龙纹"主题纹样应用在紧身衣服装上可以体现出服装的优雅和神秘感。紧身衣服装本身就能够展现出身体的曲线和线条，而"青云隐约见龙纹"纹样的设计则能够增添一种独特的视觉效果。这种纹样的轻盈和飘逸感能够使紧身衣服装看起来更加动感和流畅，同时又能够通过龙纹的隐约展现出一种神秘和力量的氛围。整体上，这种纹样的应用能够使紧身衣服装更加吸引人，同时也能够展现出穿着者的个性和魅力。

二、创意构思

"青云隐约见龙纹"是一个富有诗意和神秘感的题材，可以通过服饰纹样的创意构思来展现龙的神秘和力量。将龙的身体纹理与云彩的形状相融合，创造一种虚幻而神秘的效果，使整个纹样看起来像是云中隐约出现的龙纹。将龙的身体纹理与紧身衣的造型及人体曲线相融合，创造出一种流畅而动感的效果，可以使用细长的线条和曲线，使整个纹样看起来像是龙纹在紧身衣上流动的效果（图2-1-45）。

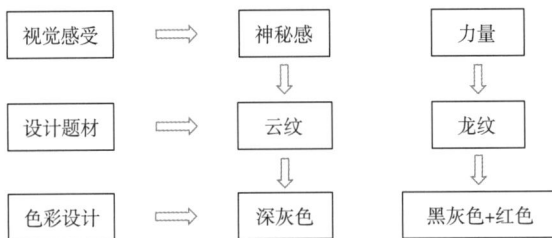

图2-1-45 创意构思示意图

任务二 纹样设计表现

【任务导入】

小柏在完成了纹样设计的项目分析与创意构思之后进入了设计表现阶段，在这个环节分为龙纹和云纹等素材手绘阶段和计算机辅助设计阶段，为此小柏准备了毛笔、纸张和颜料准备龙纹样元素的设计表现。同时，小柏经过思考认为手绘龙纹和云纹样时，应该注意以下几点。

1. 研究参考资料

在开始手绘之前，先研究一些关于龙纹和云纹的参考资料，包括传统的龙纹和云纹样式，以及不同文化中对龙和云的象征意义。这样可以更好地理解和把握纹样的特点和风格。

2. 练习基本线条

手绘龙纹和云纹需要一定的线条技巧。可以先练习一些基本的线条，如直线、曲线、波浪线等，以及一些常见的纹样元素，如龙的头部、爪子、尾巴等，提高线条的流畅性。

3. 注意比例和对称

龙纹和云纹通常具有一定的比例和对称性。在手绘时，需要注意保持纹样的整体平衡和协调。可以使用铅笔或细线条轻轻地画草图，先勾勒出整体的形状和结构，再逐渐细化和完善细节。

4. 创造个性化的纹样

在手绘龙纹和云纹时，可以根据自己的创意和想法，加入一些个性化的元素和细节，使纹样更加独特和有趣。可以尝试不同的线条风格、颜色搭配和纹样组合，创造出属于自己的风格。

5. 细心和耐心

手绘龙纹和云纹需要一定的细心和耐心。在绘制过程中，要注意每一笔的精确和准确，尽量避免出现错误和瑕疵。

【知识要点】

（1）龙纹的特点。

（2）云纹的特点。

（3）色彩运用。

（4）细节处理。

【任务实施】

一、设计元素的手绘表现

1. 准备材料

水粉颜料、水粉纸、水粉画笔、水盘和毛巾等。

2. 在水粉纸上绘制龙纹轮廓

用画笔蘸取适量的水粉颜料，根据龙纹的形状，在水粉纸上轻轻地绘制出龙的基本形状。可以先用浅色的颜料进行底色的绘制（图2-1-46）。

3. 明暗表现

等待底色干燥后，可以使用较细的画笔，用深色的颜料添加龙的细节，如鳞片、眼睛、爪子等（图2-1-47）。

图2-1-46　线描轮廓

图2-1-47　明暗塑造

4. 色块平涂和渐变

通过不同程度明暗颜色的平涂，增加渐变效果和层次感。可以在湿润的底色上，也可以用画笔轻轻平涂深色的颜料，使颜色逐渐过渡，形成渐变效果（图2-1-48）。

5. 在水粉纸上绘制云纹样

用画笔蘸取适量的水粉颜料，根据云的形状，在水彩纸上轻轻地绘制出云的基本形状。可以先用浅色的颜料进行底色的绘制。

6. 添加细节

等待底色干燥后，可以使用较细的画笔明暗平涂，用深色的颜料添加云的细节，如纹理、阴影等。可以根据个人的创意和想法，自由发挥（图2-1-49）。

图2-1-48　色块平涂

图2-1-49　细节刻画

7. 注意干燥时间

水粉颜料绘画需要等待颜料完全干燥后才能进行下一步的绘制，可以用吹风机加速干燥过程。

8. 修饰和调整

在绘制过程中，如果出现错误或不满意的地方，可以使用湿润的画笔轻轻擦拭或调整颜色，进行修饰和调整。

9.完成作品

待作品完全干燥后，可以适当地进行修整和装裱，使作品更加完美（图2-1-50）。

图2-1-50 龙纹手绘完成

按照上述步骤完成云纹手绘（图2-1-51）。

图2-1-51 云纹手绘完成

二、纹样计算机辅助设计

龙纹手绘线稿完成后导入计算机，可以通过Photoshop软件对手绘画稿进行处理。包括主纹样根据需要与背景的分离，可以通过软件中的钢笔工具抠图完成，在这个环节需要注意抠图线条的圆润光滑，对纹样的细节进行完善与补充，以及对色调和明度、纯度进行调整（图2-1-52~图2-1-54）。

图2-1-52 龙纹图地分离

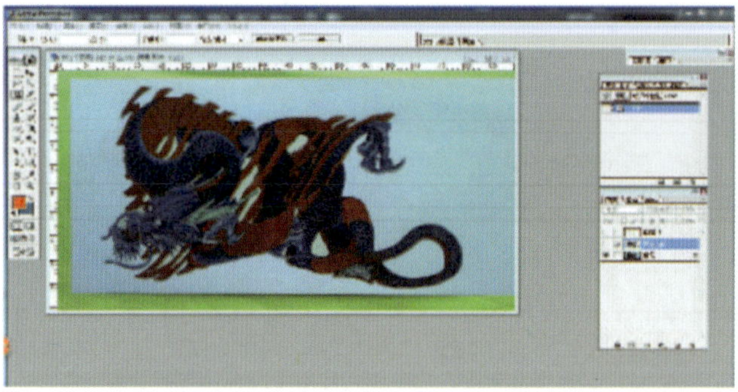

图2-1-53　龙纹色彩调整

图2-1-54　龙纹计算机辅助设计完成

任务三　纹样在服装中的位置设计

【任务导入】

小柏在完成了纹样设计之后进入了纹样在服装中的位置设计阶段，在这个环节首先要与服装设计师合作获得紧身衣的结构图，然后根据人体的起伏和曲线将龙纹和云纹设计在服装中，在设计过程中要考虑纹样的前后穿插关系，重点位置、重点纹样的协调设计。小柏认为龙纹和云纹在服装的位置设计中，应该注意以下两点：

（1）考虑服装的整体设计：龙纹和云纹应该与服装的整体设计风格相协调。

（2）考虑纹样的摆放方式：纹样的摆放方式也可以根据设计的需要进行调整。例如，龙纹可以沿着服装的边缘或线条摆放，以增加动感和流畅感；云纹可以随意散布在服装的不同位置，以增加自然和轻松感。

【知识要点】

纹样在服装中常用的位置。

（1）衣摆或裙摆。

（2）袖口或袖子。

（3）领口或领子。

（4）胸部或胸前。

（5）腰部或腰带。

（6）肩部或肩膀。

（7）裤腿或裤子。

（8）背部或背面。

【任务实施】

一、紧身衣款式图选取

1. 紧身衣的定义

紧身衣是指具有贴身修身特色的衣服，主要类型包括修身衣裤、抹胸衫和卫衣。该类产品要求贴身修身，不仅合体舒适，还能塑造出完美的身材。

2. 紧身衣的历史演变

紧身衣的服装类别可以追溯到古希腊时期，当时希腊人已经有贴身的服装类别。古希腊时期，紧身衣已经被认为是一种高贵的服装，只有特权阶层人员才能穿着。到了中世纪，紧身衣的设计更加贴身紧凑，但只能高级官僚穿着。到17世纪中期，紧身衣已成为一种必不可少的时装，被用作各种场合的正装。直到今天，紧身衣仍然是许多人服装搭配的主要组成部分，也成为出席正式场合的必备服装。

3. 紧身衣的特点

紧身衣有许多精细的设计，使其更加贴合身体，减少体周长，而且紧贴身体的同时也保持舒适，不觉得窒息感。

紧身裤不仅能突出腹部肌肉，而且能有效保暖，调节温度。这是它最大的特点之一。

黑色紧身衣具有高弹性，穿着时可以使腹部纤细，展现出扭紧的肌肉线条，使气色精神更足，身材更加苗条美观。

为此设计师小柏通过网络搜索为男女士各选择了一款紧身衣（图2-1-55）。

图2-1-55 男女紧身衣

二、纹样在服装中的设计

云龙纹样在紧身衣服装中的设计步骤如下。

1. 确定纹样位置

根据紧身衣服装的款式和特点，确定云龙纹样的设计位置。可以选择在胸部、背部、腰部或其他位置进行设计（图2-1-56）。

2. 确定纹样形状

根据纹样位置，确定云龙纹样的整体形状。可以选择绘制完成的云龙形状，也可以在此进行二次创意设计，使纹样更加独特和个性化。

3. 添加细节和装饰

在确定了纹样的整体形状后，可以完善细节和装饰，例如龙鳞、龙爪、云朵等。这些细节和装饰可以增加纹样的层次感和视觉效果（图2-1-57）。

图2-1-56　纹样在服装结构图中的位置设计　　图2-1-57　纹样在服装中的设计效果

4. 调整比例和大小

根据紧身衣服装的尺寸和比例，调整云龙纹样的大小和比例，使其与服装整体协调。

5. 确定颜色和材质

选择适合的颜色和材质来呈现云龙纹样。可以选择传统的红色、黄色等，也可以根据服装的整体色调进行调整。

6. 制作和应用纹样

根据样板或图纸，将云龙纹样应用到紧身衣上。可以使用数码印花等技术来实现纹样的效果。

需要注意的是，设计云龙纹样时要考虑服装的整体设计和穿着效果，确保纹样与服装相协调，同时也要考虑制作的可行性和实际效果。

三、服装效果图绘制

使用Photoshop软件进行服装贴图的步骤如下。

1. 打开 Photoshop 软件并导入服装单色模特图片

首先打开Photoshop软件，然后导入你想要进行贴图的服装照片。可以通过点击"文件"菜单中的"打开"选项来导入照片。

2. 创建新图层

在Photoshop软件中，可以通过点击"图层"菜单中的"新建图层"选项来创建一个新的图层。这个新图层将用于添加纹样。

3. 导入纹样图案

将设计好的云龙纹样图案导入Photoshop软件中。可以通过点击"文件"菜单中的"导入"选项来导入图案文件。

4. 调整纹样大小和位置

使用Photoshop软件中的变换工具（如自由变换工具或缩放工具）来调整纹样的大小和位置，使其适应服装图片的尺寸和位置。

5. 调整纹样透明度和混合模式

根据需要，可以调整纹样图层的透明度和混合模式，以使纹样与服装图片更好地融合。可以通过在图层面板中选择纹样图层，并使用透明度和混合模式选项来进行调整。

6. 使用橡皮擦工具擦除多余部分

如果纹样图案超出了服装照片的边界，可以使用Photoshop软件中的橡皮擦工具来擦除多余的部分，使纹样与服装照片完美融合。

7. 保存并导出贴图

完成贴图后，可以点击"文件"菜单中的"保存"选项将Photoshop文件PSD格式保存下来。如果需要导出贴图为其他格式（如JPEG或PNG），可以点击"文件"菜单中的"导出"选项来选择导出格式并保存贴图。

下装龙纹结构图设计要考虑着装后与上装纹样的衔接，尽量做到与上装纹样相吻合，使之成为一体的视觉效果（图2-1-58）。

图2-1-58　云龙纹样贴图效果

◎ **习题**

1.纹样设计在服装面料中的重要性是什么？它对服装的整体效果有何影响？

2.如何选择适合的纹样设计来与服装款式相匹配？

3.纹样设计应该追随潮流还是保持独立性？为什么？

4.如何利用色彩和图案来营造不同的情绪和氛围？

模块二　家纺印花面料纹样设计

家纺印花面料纹样设计是指在家纺面料上应用各种图案和纹样的设计过程。纹样设计可以通过手工绘制或使用计算机软件来完成。设计师可以根据不同的风格、主题和季节，创作出各式各样的纹样，如几何图案、植物花卉、动物图案等。纹样设计需要考虑面料的尺寸、重复和比例，以确保纹样在面料上呈现效果上的连贯和平衡。家纺印花面料纹样设计是家纺行业中非常重要的一环，它可以为家纺产品增添独特的风格和吸引力。

○ 项目一
"迷情佩兹利"题材家纺面料纹样设计

◎ **教学目标**

（1）理解家纺面料纹样设计的基本原理和技巧：学生需要了解家纺面料纹样设计的基本概念、原则和技巧，包括色彩搭配、图案构图、纹样重复等方面的知识。

（2）掌握家纺面料纹样设计的工具和技术：学生需要熟练掌握家纺面料纹样设计所需的工具和技术，包括手工绘图工具、计算机软件的使用等。

（3）培养创意思维和设计能力：通过项目化的教学方式，学生将有机会进行实际的纹样设计实践，培养创意思维和设计能力，能够独立思考和创作出符合"迷情佩兹利"题材要求的家纺面料纹样。

（4）提升团队合作和沟通能力：在项目化的教学过程中，学生将有机会与同学合作，共同完成纹样设计项目，培养团队合作和沟通能力。

（5）培养审美意识和市场意识：学生需要培养对家纺面料纹样设计的审美意识，了解市场需求和趋势，能够设计出符合市场需求的家纺面料纹样。

（6）通过以上教学目标的达成，学生能够全面掌握家纺面料纹样设计的理论和实践技能，为将来从事相关行业提供坚实的基础。

"迷情佩兹利"
题材家纺面料
纹样设计

◎ **项目导入**

金永和纺织科技股份有限公司是一家位于浙江省嘉兴市海宁市许村镇的纺织品装饰布技术研发企业，纺织产品研发中心计划开发一款主题为"迷情佩兹利"的面料纹样，面料纹样以佩兹利纹样为主要题材，作品符合22~45岁女性审美要求，具有中东纹样表现风格，色彩以蓝绿色调为主，辅以少量红紫色彩，需完成一个系列不少于三个配色方案，并附上纹样应用的效果图和设计说明。设计室主任陈月琴给设计师陈思伦布置了设计任务，要求在3个工作日完成。

任务一 项目分析与调研

【任务导入】

设计室主任陈月琴给设计师陈思伦（以下简称"小陈"）布置了一个新的设计任务。任务要求是设计一款名为"迷情佩兹利"的面料纹样，用于公司新款家纺的设计中。陈月琴主任要求纹样设计要有层次感和流动感，并且要与中东纹样相结合，以蓝绿色调为主，辅以少量红紫色彩，营造出神秘而又浪漫的氛围。小陈接到任务后，计划进行了相关的调研和分析工作，了解了佩兹利纹样的起源和文化背景，以及22~45岁女性的审美趋势和喜好，进行创意构思，并决定将佩兹利纹样与中东纹样相融合，创造出独特的纹样风格。

【知识要点】

（1）题材的背景、特点和风格。

（2）佩兹利纹样在家纺中的应用。

【任务实施】

一、项目调研

小陈通过网络调研，了解传统佩兹利纹样（paisley）是一种源于印度并广受欢迎的装饰图案。它的原型通常被认为是生长在东南亚和印度的藤本植物，尤其是其果实累累的涡旋造型，构成了佩兹利纹样的基本图形。这种纹样不但深受印度人的喜爱，而且在全球范围内都有着广泛的影响和应用。

1. 传统佩兹利纹样

传统佩兹利纹样在欧洲的流行起始于18世纪中叶，当它传入英国后，迅速风靡整个欧洲。这种纹样由圆点和曲线组成，形态圆畅、色彩华丽、格局饱满，细腻、繁复、华美，具有古典主义气息和民族特色，被赋予了吉祥、美好、和谐、延绵不断的含义（图2-2-1）。

图2-2-1　传统佩兹利纹样

2. 现代佩兹利纹样

随着服饰与家居文化的发展，如今的佩兹利图案已渗透在各种服饰与家纺设计中，可谓数百年流行不衰，被喻为兼具传统经典与现代时尚两重特性的图案（图2-2-2、

图2-2-3）。

图2-2-2　现代佩兹利纹样

图2-2-3　床品四件套和六件套

二、项目分析

通过调研，小陈认为佩兹利题材的特点是色彩丰富和对比强烈。它常常使用鲜艳的颜色，如红色、黄色、蓝色等，以及对比明显的色彩组合，如红色和绿色、蓝色和橙色等。使用这种色彩将会使"迷情佩兹利"题材的设计充满活力和视觉冲击力。

另一个特点是图案的多样性和大胆性。在佩兹利题材中，常常出现各种各样的图案，如花朵、动物、几何图形等。这些图案通常具有夸张的形状和明显的线条，给人一种独特的感觉。同时，这些图案的排列方式也很多，如重复、交错、堆叠等，使得设计更加有趣和引人注目。

现代风格佩兹利题材的风格也有其独特之处。它融合了复古和现代的元素，既有20世纪60~70年代的复古风情，又有现代的时尚感。这种风格的运用将会使"迷情佩兹利"题材的设计既具有怀旧感，又能与现代生活相融合，给人一种独特的审美体验。

总的来说，"迷情佩兹利"题材设计完成后将会呈现一种充满活力、色彩丰富、图案多样的设计风格，它能够为家纺面料等产品带来独特的视觉效果和时尚感，成为人们追求个性和独特风格的选择。

任务二 纹样设计表现

【任务导入】

小陈在完成了纹样设计的项目分析与调研之后进入了设计表现阶段，这个环节分为床品纹样的手绘阶段和计算机辅助设计阶段，为此小陈准备了纸张和颜料，确定绘图尺寸，收集一些佩兹利纹样的参考图片或图案，以便在绘制过程中参考，小陈认为手绘佩兹利纹样时需要一定的时间和精力，保持耐心和专注，不要心急，高质量地完成作品。

【知识要点】

（1）佩兹利纹样的基本元素。

（2）纹样的对称性和平衡感。

（3）根据床品的尺寸和比例，调整纹样的大小和密度。

（4）使用不同的铅笔硬度和压力来表现纹样的细节和层次感，以及使用阴影和渐变效果来增加纹样的立体感。

（5）纹样的手绘表现及计算机辅助设计。

【任务实施】

一、纹样手绘表现

在绘画之前，小陈仔细观察了佩兹利纹样，总结了其主要有以下特点。

（1）佩兹利纹样通常由几何形状组成，如圆形、方形、三角形等。这些形状可以单独使用，也可以组合在一起形成复杂的图案。

（2）佩兹利纹样的一个显著特点是在图案周围绘制一圈小圆点。这些小圆点可以是相同大小的，也可以是不同大小的，它们可以增加纹样的层次感和装饰效果。

（3）佩兹利纹样中常常出现曲线和波浪线，它们可以在几何形状内部或周围绘制。这些曲线和波浪线可以是平滑的，也可以是锐利的，它们可以增加纹样的动感和流动感。

（4）佩兹利纹样通常使用鲜艳的颜色进行上色，如红色、黄色、蓝色等。这些鲜艳的颜色可以使纹样更加生动和吸引人（图2-2-4）。

当代的佩兹利纹样虽卷曲、华丽，但是表现手法轻松随意，不同于传统刻板严谨的纹样形象，新的设计方案可以采用自由散点式构图，为平接或者1/2跳接，使用水粉颜料速写式描绘更加符合现代人的审美习惯。

在绘画纸上用铅笔轻轻勾勒出佩兹利纹样的基本形状，可以是几何图案、花朵等（图2-2-5）。

平涂底色时，通常选择较浓稠的颜料，以便于均匀涂抹。要保持涂抹方向一致，避免出现交叉或重叠的痕迹。可以选择从上到下、从左到右的方向进行涂抹。

图2-2-4 佩兹利纹样

图2-2-5 手绘参考纹样

图2-2-6 涂刷底色画出花型

尽量保持涂抹厚度和颜色的均匀性，避免出现明显的涂抹痕迹或颜色差异。进行下一层涂抹之前，确保上一层颜料已经完全干燥，以免出现颜色混合或模糊的情况（图2-2-6）。

根据佩兹利纹样的形状，用画笔沿着轮廓线绘制色块，可以使用不同颜色填充不同的区域，绘制完色块后，可以使用小毛笔在色块之间绘制细节，如线条、点缀等（图2-2-7）。

图2-2-7 绘制色块刻画细节

完成后，可以根据需要进行修饰和润色，如增加光泽、加强对比等。如果发现涂抹不均匀或有瑕疵，可以进行修正和调整。

以上是纹样绘画中平涂的一些注意事项，通过细心和耐心的平涂，可以获得平整、均匀的平涂效果（图2-2-8）。

图2-2-8 修正和调整完成

二、纹样的计算机辅助设计

作为设计元素，需要将佩兹利纹样通过计算机辅助设计工具将佩兹利纹样从背景中抠出，使其成为一个独立的图像。步骤如下。

1. 打开设计软件

选择Photoshop设计软件。这个软件提供了抠图工具和功能，可以帮助我们进行佩兹利纹样的抠图。

2.导入图像

将包含佩兹利纹样的图像导入设计软件中。可以使用文件菜单或拖放功能将图像导入软件工作区。

3.选择抠图工具

在设计软件中选择魔棒工具、套索工具、钢笔工具等。这些工具可以帮助我们选择佩兹利纹样的边缘。

4.进行选择

使用选择工具绘制一个选区，将佩兹利纹样选中。可以根据需要调整选区的大小和形状，确保选中整个佩兹利纹样。

5.去除背景

使用抠图工具将佩兹利纹样从背景中抠出。可以使用橡皮擦工具、背景擦除工具等，根据选区的边缘擦除背景。

6.优化边缘

根据需要，可以使用柔化工具或修复工具来优化佩兹利纹样的边缘。这些工具可以使抠图边缘更加平滑和自然。

7.导出和保存

完成抠图后，可以将佩兹利纹样导出为常见的图像格式，如PNG、JPEG等。也可以保存抠图文件以便以后进行修改和编辑。

以上是佩兹利纹样计算机抠图的一些基本步骤。通过熟练掌握设计软件的使用和抠图工具的操作，可以轻松地将佩兹利纹样从背景中抠出（图2-2-9）。

图2-2-9　纹样的计算机辅助设计

任务三 构图与层次

【任务导入】

陈思伦完成了纹样元素的手绘和计算机辅助设计之后,进入纹样在床品款式中的构图应用环节,这个环节需要使用设计软件并根据之前确定的纹样尺寸、比例、位置和重复方式,将纹样放置在床品款式的适当位置,创造出独特而美观的床品设计。

【知识要点】

1.床的规格

床的规格包括床的尺寸、床的高度、床的材质等方面。床的尺寸通常指床的长度和宽度。常见的床尺寸有150cm×200cm、180cm×200cm、200cm×200cm等。床的高度指床离地面的高度。一般来说,床的高度应该适合人们的身高,方便上下床。常见的床高度为40~60cm(图2-2-10)不同地区不同文化,床的尺寸也会有不同的标准。

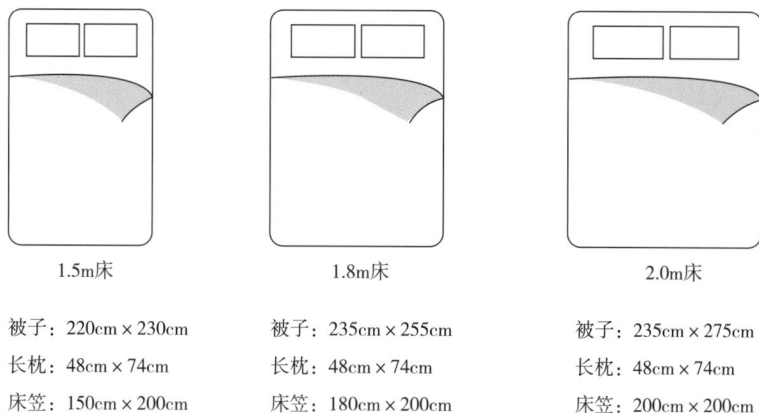

1.5m床	1.8m床	2.0m床
被子:220cm×230cm	被子:235cm×255cm	被子:235cm×275cm
长枕:48cm×74cm	长枕:48cm×74cm	长枕:48cm×74cm
床笠:150cm×200cm	床笠:180cm×200cm	床笠:200cm×200cm

图2-2-10 床的规格

床上被子、长枕、床笠一般规格尺寸:

(1)宽1.5m床:被子尺寸一般为220cm×230cm,长枕尺寸一般为48cm×74cm,床笠尺寸一般为150cm×200cm。

(2)宽1.8m床:被子尺寸一般为235cm×255cm,长枕尺寸一般为48cm×74cm,床笠尺寸一般为180cm×200cm。

(3)宽2.0m床:被子尺寸一般为235cm×275cm,长枕尺寸一般为48cm×74cm,床笠尺寸一般为200cm×200cm。

不同地区不同文化,在此基础上根据使用人的习惯可以适当加大尺寸。

2.床上四件套的款式

(1)简约款:床上四件套采用简约的设计风格,通常以纯色或简单的图案为主,适合喜欢简洁、清爽风格的人。

（2）花卉款：床上四件套采用花卉图案设计，可以是大花朵、小花朵或花卉组合，给人一种温馨、浪漫的感觉。

（3）几何款：床上四件套采用几何图案设计，如条纹、格子、菱形等，给人一种现代、时尚的感觉。

（4）动物款：床上四件套采用动物图案设计，如猫、狗、熊等，适合喜欢可爱、有趣风格的人。

（5）民族款：床上四件套采用民族图案设计，如印度、非洲等民族元素，给人一种独特、文化的感觉。

【任务实施】

一、床品的造型款式选择

小陈选择了标准尺寸为150cm×200cm的双人床，她认为被套为220cm×240cm，枕套为50cm×80cm，床单为230cm×280cm的尺寸是合适的，接下来小陈将选择适合的纯棉面料，根据卧室主题要求，设计出整体的家纺面料纹样，打造出一个舒适、美观的床品组合（图2-2-11）。

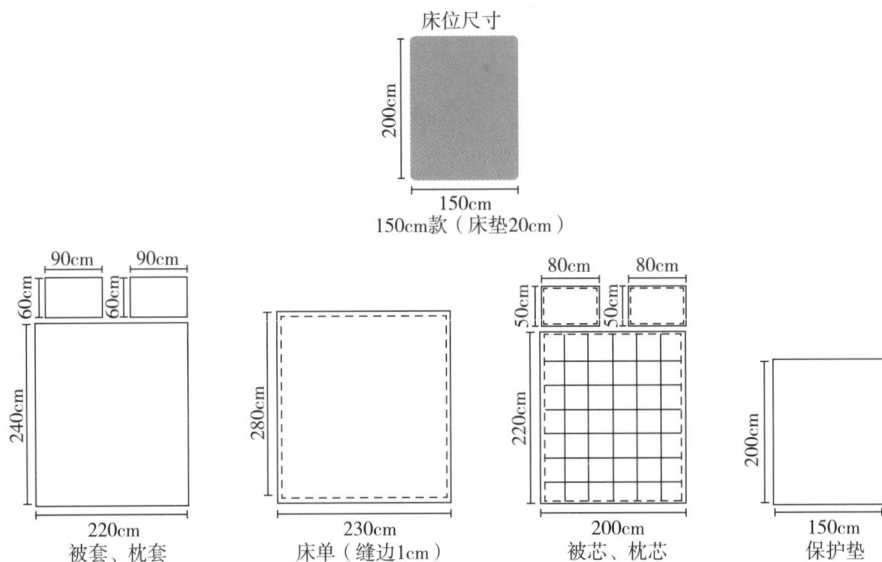

图2-2-11　选择床品规格

二、床品纹样的构图与层次设计

（1）根据床品的尺寸和比例，设计了13组纹样，确保纹样在床品上的应用效果符合整体的美感和平衡。

（2）根据床品的款式和设计要求，尝试不同的位置和重复方式，找到最佳的构图效果。

（3）根据床品的整体色调和风格，调整纹样的颜色和配色方案。可以尝试不同的颜色组合和配色方案,达到最佳的效果。

(4)在应用纹样时,注意深化纹样的细节和纹理效果。**确保纹样在床品上的呈现效果清晰、细腻,并与床品的质感相匹配。**

(5)在设计软件中,进行构图实验和调整。尝试不同的纹样位置、重复方式和颜色方案,找到最佳的构图效果(图2-2-12)。

图2-2-12 床品纹样的构图与层次设计

任务四 应用效果图设计

【任务导入】

小陈完成了纹样元素在床品中的构图与层次设计之后,进入纹样的应用效果图设计环节。在这个环节的设计需要注意保持纹样与床品照片的整体风格和主题的一致性,同时也要考虑纹样的可重复性和适应性,以便在实际应用中能够得到良好的效果。

【知识要点】

(1)佩兹利纹样的特点和构成方式。

(2)根据床上用品的尺寸和布局调整佩兹利纹样的尺寸和位置。

(3)佩兹利纹样在床品中的计算机辅助应用设计。

佩兹利纹样是一种具有波浪形和曲线形状的装饰纹样,通常由重复图案组成。了解佩兹利纹样的特点和构成方式,可以更好地应用到床上用品的设计中。根据床上用品的风格和主题,选择合适造型的佩兹利纹样。可以考虑纹样的颜色、线条粗细、图案密度等因素,以确保纹样与床上用品的整体风格相协调。根据床上用品的尺寸和布局,调整佩兹利纹样的尺寸和位置。可以使用设计软件中的缩放、旋转和移动工具进行调整,以使纹样与床上用品相匹配。根据床上用品的色彩和整体风格,调整佩兹利纹样的颜色和对比度。可以使用软件中的色彩调整工具，如色阶、曲线或色彩平衡，以使纹样与床上用品的色彩相协调。为了增加佩兹利纹样的立体感和真实感，可以添加阴影和光影效果。可以使用软件中的阴影和高光工具，或者手动绘制阴影和光影，以使纹样更加生动。考虑纹样的重复性和适应性：在设计佩兹利纹样的应用效果图时，要考虑纹样的重复性和适应性。纹样应该能够在床上用品的不同部分进行重复应用，并且能够适应不同尺寸和形状的床上用品。佩兹利纹样通常具有对称的特点，要注意保持纹样的平衡和对称，以使床上用品的设计更加美观和协调。

通过以上要点的考虑和应用，可以设计出符合床上用品需求的佩兹利纹样应用效果图。

【任务实施】

通过Photoshop软件将佩兹利纹样设计在床上用品中，小陈按照以下步骤进行操作：

（1）打开Photoshop软件并创建新文件：点击菜单栏中的"文件"，选择"新建"，设置文件尺寸和分辨率与床上用品的实际尺寸相匹配。

（2）导入纹样图案：在Photoshop中，点击菜单栏中的"文件"，选择"导入"，然后选择绘画完成的佩兹利纹样图像文件并导入新建的文件中。

（3）调整佩兹利纹样：使用Photoshop的编辑工具，如变换工具或缩放工具，调整佩兹利纹样的大小、位置和角度，使其适应床上用品。

（4）添加图层样式：为佩兹利纹样添加一些图层样式，如阴影、亮度和渐变等效果，以增强图案的视觉效果。

（5）调整颜色和透明度：使用Photoshop的调整图层或图像调整工具，对佩兹利纹样进行颜色和透明度的调整，以与床上用品的整体配色方案相匹配。

（6）叠加到床上用品上：将设计好的佩兹利纹样图层拖动到床上用品的文件中，调整图案的位置和尺寸，使其覆盖在适当的位置。

（7）保存和导出：完成设计后，点击菜单栏中的"文件"，选择"保存"将设计保存为Photoshop文件PSD格式。如果需要导出为其他格式，如JPEG或PNG，选择"另存为"，并选择适当的格式和选项（图2-2-13）。

图2-2-13　应用效果图设计

项目二

"随风细雨潜入夜"题材家纺面料纹样设计

◎ **教学目标**

（1）艺术表达：鼓励学生发挥自己的创造力和想象力，将主题"随风细雨潜入夜"的氛围感通过纹样设计表达出来。培养学生对色彩、构图和纹理等艺术元素的敏感性和应用能力，使他们能够创造出富有情感和美感的设计作品。

（2）技术应用：通过教授相关的设计软件和工具的使用技巧，帮助学生将自己的设计想法转化为实际的纹样设计。培养学生的设计技术和操作能力，使他们能够熟练运用工具和技巧，实现设计创意。

（3）形成独特风格：鼓励学生在设计中发展自己的独特风格和个人特色，将"随风细雨潜入夜"主题与创意和风格相结合，形成具有辨识度的家纺面料纹样设计。

（4）呈现作品：鼓励学生将设计作品进行展示和呈现，通过展示或交流活动，提供机会让学生向他人展示设计成果，获得反馈和启发，从而不断进步和发展。

"随风细雨潜入夜"题材家纺面料纹样设计

这些教学目标旨在帮助学生掌握家纺面料纹样设计的技巧，同时培养他们的创造力、艺术表达能力和独特风格，同时让他们深入理解主题，并通过设计作品来传达相关的情感和意义。

◎ **项目导入**

嘉兴市玛雅纺织品有限公司位于浙江省嘉兴市，是一家以从事纺织业为主的企业，企业纺织产品研发中心计划开发一款主题为"随风细雨潜入夜"的面料纹样，面料纹样以雨中荷花为主要题材，作品符合25～50岁人们的审美要求，具有绿意清新的表现风格，色彩以蓝绿色调为主。设计室主任周丽给设计师崔婉悦布置了设计任务，要求在3个工作日完成。

任务一　主题分析与设计思路

【任务导入】

早上例会中，设计室主任周丽首先让每个设计师分享他们的工作进展，包括已完成的任务、遇到的问题和需要协助的方面。鼓励大家相互交流、分享经验和解决问题。同时布置了6个新的设计任务，周丽主任介绍了新项目的背景、目标和要求。与会人员提出问题、讨论其可行性，并确定下一步的工作计划。设计师崔婉悦（下称"小崔"）分配到的任务是设计一款主题为"随风细雨潜入夜"的家纺面料纹样。周丽主任对小崔说道："设计作品要表达出作品的意境和情感，通过纹样的形状、线条和色彩来传达出柔和、浪漫、宁静的感觉。"周丽还鼓励小崔在设计过程中发挥自己的创意和想象力，尽量将"随风细雨潜入夜"的主题表达得更加生动和独特。同时，她也提醒小崔要注意时间管理，合理安排工作进度，确保在3天内完成设计任务。

【知识要点】

设计题材"随风细雨潜入夜"的家纺面料纹样的一些关键的知识要点：

（1）主题表达：通过纹样设计来表达"随风细雨潜入夜"的主题要素，即优雅、柔美、宁静的夜晚氛围。纹样中可以融入夜空、细雨、荷叶等元素，以营造出深夜的宁静和神秘感。

（2）色彩选择：选择与主题相符合的颜色是重要的一步。在这个设计项目中，适合选择深沉的夜色调，如深蓝色、暗紫色等，以营造夜晚的神秘感。同时可以添加一些柔和的色彩，如浅灰、淡蓝等颜色，以突出细雨、星星等元素的柔美感。

（3）纹样元素：根据主题要求，可以选择一些与夜晚相关的元素作为纹样设计的重点，如荷花、月亮、云朵、雨滴等。这些元素可以通过不同的线条、形状和渐变效果来表达，以创造出具有层次感和立体感的纹样。

（4）纹样排列方式：散点式排列方式可能适用于这个主题，因为它可以营造出随机散落的星星、雨滴的效果。同时也可以考虑线性排列，模拟细雨垂落的效果。

（5）纹样渐变：使用渐变效果可以增加面料纹样的层次感和光影效果，营造出更加真实的细雨和夜晚的氛围。

（6）材质选择：对于家纺面料的纹样设计，还需要根据实际材质特性进行选择。例如，对于棉质面料，可以选择较简单的线条和形状；对于丝绸面料，可以使用更加精细的纹样设计，以突出其质感。

【任务实施】

一、主题分析

小崔认为，"随风细雨潜入夜"寓意着一种追求美好、平静与神秘的夜晚氛围，同时也象征着反思、探索和自我发现的机会。这个寓意可以被不同的人以不同的方式理解和解释，因为每个人对于夜晚和细雨的个人体验和情感都是独特的。

设计"随风细雨潜入夜"家纺纹样时，可以运用蓝绿柔和的色彩、流线型的线条和曲线，以及雨水等自然元素和细节装饰，来表达柔和、浪漫、宁静的感觉（图2-2-14）。同时，要注意细节的处理和材质的选择，以确保床品的整体效果和质感。

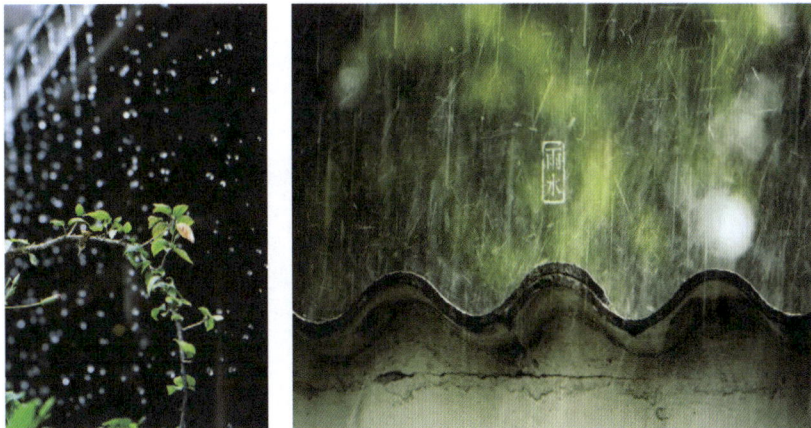

图2-2-14 "随风细雨潜入夜"美好寓意

二、设计思路

针对"随风细雨潜入夜"的家纺面料纹样项目的调研，体现在以下几个方面：

（1）以"随风细雨潜入夜"为主题的壁纸设计通常包含柔美的线条与浓厚的文艺氛围，通过壁纸的图案和色彩将诗意与浪漫的氛围带入家居空间中，因此，在市场上受到欢迎。

（2）可以通过室内灯具来创造出"随风细雨潜入夜"的氛围，如使用柔和且暖色调的灯光、流线造型等，使得整个空间充满诗意与浪漫。

（3）在床上用品、窗帘、靠垫等家纺面料产品中，可以运用荷花、细雨纹样，细腻蕾丝、薄纱等材质，以"随风细雨潜入夜"的氛围来打造浪漫而舒适的家居体验。

（4）以"随风细雨潜入夜"为主题的艺术装饰画和挂饰，表现出柔和的色调、抽象的线条或是鲜明的视觉形象，以此带入浪漫与诗意的氛围。

（5）在家具的选择中，可以运用自然材质、曲线造型和柔和的色彩，将"随风细雨潜入夜"的主题元素融入其中，创造出富有浪漫气息的家居空间（图2-2-15）。

图2-2-15 家纺面料相关纹样元素调研

任务二　设计元素的表现

【任务导入】

设计师小崔完成了主题为"随风细雨潜入夜"题材家纺面料纹样的分析后，进入了设计表现阶段，小崔认为此次纹样设计要采用细腻的纹理、曲线形状、与雨相关的元素等来表达"随风细雨潜入夜"的主题，选择柔和且温暖的色调，如淡蓝色、深紫色、浅灰色等，以营造出安静、神秘的夜晚氛围。

【知识要点】

（1）主题的含义和背景："随风细雨潜入夜"可以理解为在夜晚，随着风和细雨的轻柔感受浪漫与宁静，这个主题表达了一种优雅、柔美的氛围。

（2）纹样元素的选择：根据主题，选择与之相符的纹样元素，比如雨滴、树叶、细雨的弯曲线条等，这些元素可以传达出夜晚、风和雨的感觉。

（3）配色方案：选择适合的配色方案以传达主题的氛围。可以考虑选择柔和的、以蓝绿色、紫色和灰色为主的冷色调，加入一些白色和淡黄色作为亮点，给人一种清新、幽静的感觉。

（4）纹样排列与布局：根据主题和纹样元素的特点，设计纹样的排列和布局方式。可以使用重复、对称和对比等布局方法，营造出自然、流动的感觉，并注意呈现出纵深感和层次感。

（5）表现手法：可运用一些特殊的表现手法，如流线型的线条、渐变色彩、模糊效果等，以创造出风和雨的动感和柔和。

【任务实施】

一、设计素材的手绘表现

小崔开始进行手绘表现，他先准备了铅笔、彩色铅笔、细线笔、纸张、颜料一些绘画工具，然后开始了"随风细雨潜入夜"主题纹样的手绘表现：

（1）先用铅笔在纸上用轻柔的线条勾勒出荷叶的整体形状，确保比例和形状正确（图2-2-16）。

（2）选择荷叶的绿色作为基础色彩，在叶子的轮廓线内部涂抹草绿色的颜料注意给叶子留下适当的白色空间，创造光影效果。

（3）使用深绿色调和浅绿色调的颜料调整叶子的光影效果以及层次感。在叶子的凹陷部分或边缘处添加深绿色调，以增加三维感；在凸起部分或光照区域添加浅绿色调，使叶子看起来更亮（图2-2-17）。

（4）使用细的画笔，在叶子表面绘制纹理细节。荷叶常见的形状为网状或脉络状，使用深绿色调或深蓝色调的颜料绘制细线或细纹，描绘出荷叶的纹理特征。

（5）在完成荷叶的主要部分之后，细化和修饰细节，调整色彩亮度、加深阴影部分、强调纹理等，以增加画面的层次感和细腻度（图2-2-18）。

图2-2-16　荷叶整体形状勾勒　　　　　图2-2-17　荷叶色调选配

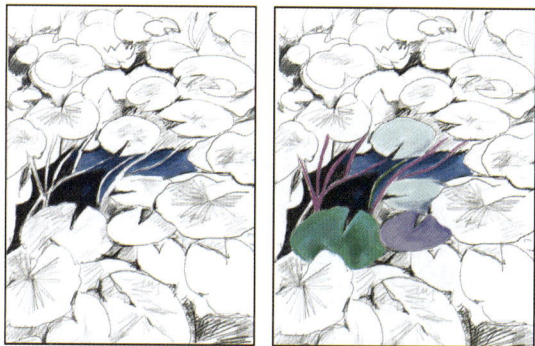

二、计算机辅助设计

小崔完成了纹样素材的手绘表现，开始将完成后的设计素材通过计算机辅助深化设计形成电子稿。

1. 扫描手绘图

使用扫描仪或者手机相机将手绘图扫描或拍摄下来，保存为数字图像文件。

2. 导入图像文件

将扫描或拍摄的图像文件导入计算机中的设计软件，如Photoshop或者CorelDRAW等。

3. 创建图层

在设计软件中创建多个图层，以便分别绘制不同的元素。

4. 绘制荷叶

使用绘图工具在一个图层上使用Photoshop抠图的工具绘制荷叶的形状和纹样（图2-2-19）。

图2-2-18　手绘完成的纹样素材

图2-2-19　计算机抠图荷叶纹样素材

5. 添加红色小鱼

在另一个图层上使用绘图工具绘制红色小鱼的形状，根据需要调整大小和位置（图2-2-20）。

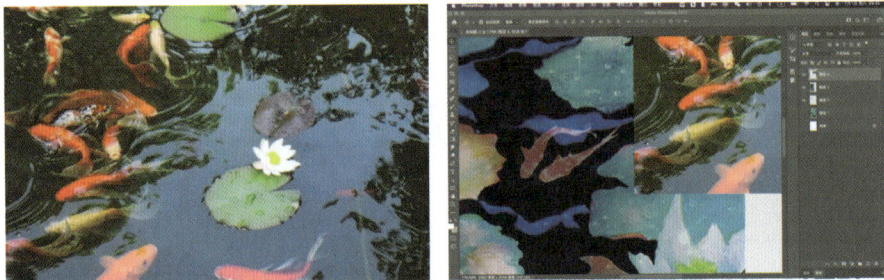

图2-2-20　计算机抠图鱼纹样素材

6. 添加雨珠

在另一个图层上使用绘图工具绘制雨珠的形状。可以使用椭圆工具或者自由绘制工具绘制不同大小和形状的雨珠（图2-2-21）。

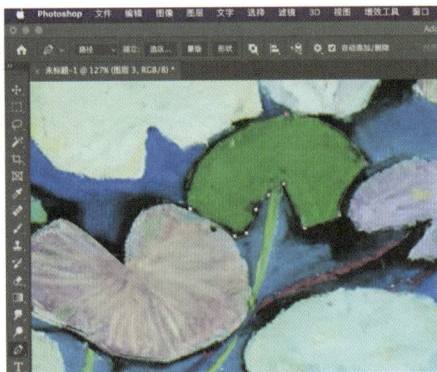

图2-2-21　计算机添加雨珠

7. 调整颜色和效果

使用设计软件中的调色板和滤镜等工具，对荷叶、小鱼和雨珠进行颜色和效果的调整。可以增加一些阴影、光线效果或者纹理等，以增强图像的视觉效果（图2-2-22）。

图2-2-22　调整颜色和效果

8. 完成设计

对设计进行最后的调整和修饰。添加背景、文字和其他装饰元素，使整个设计更加完整和有趣。

9. 导出设计

将设计保存为适当的图像文件格式，如JPEG、PNG或者TIFF等，以便在不同的媒介上使用或打印（图2-2-23）。

图2-2-23 计算机辅助设计完成的纹样素材

任务三 应用效果图设计

【任务导入】

设计师小崔完成了"随风细雨潜入夜"题材家纺面料纹样的绘画表现之后，进入了纹样面料的展示效果图绘制阶段，小崔认为此次纹样应用效果图的绘制要能够准确传达"随风细雨潜入夜"的意境和情感，通过纹样、色彩等元素来表达夜晚的宁静、神秘和柔和。选择适合夜晚主题的床品风格和氛围和纹样的色彩搭配，如深蓝、紫色、灰色等冷色调，可以搭配一些亮度较低的冷色调来增加层次感和宁静感。

【知识要点】

（1）选择风格一致的纺织品款式。

（2）光线、色调对纺织品的影响。

（3）纺织品应用效果的细节处理。

【任务实施】

一、室内空间图的选择

对于主题"随风细雨潜入夜"的纹样，小崔认为可以选择的室内图片中有柔和的灯光，如蜡烛的光芒、暖黄色的灯光等，以营造出温馨而浪漫的氛围。有雨滴纹理，如窗户上的雨滴、湿漉漉的玻璃等，以增强细雨潜入夜的感觉。在静谧的夜晚，如一个安静的卧室、以表达出夜晚的宁静和静谧。

选择室内图片，都应该注重细节和氛围的表达，以营造出一个随风细雨潜入夜的主题氛围（图2-2-24）。

图2-2-24　室内空间图的选择

二、纹样在室内空间的应用效果图绘制

小崔心里想着如何将纹样应用到室内空间中，让整个空间更加美观和温馨。他考虑到客户的喜好和房间的风格。选择一种独特而又与整体风格相协调的纹样，以增加空间的个性化和艺术感。于是他打开了计算机开始了应用效果图的绘制。

（1）打开绘图软件创建一张新画布，根据实际需要确定画布的尺寸和分辨率，导入室内空间图。

（2）添加室内空间和纹样元素，根据设计需要，在室内空间图片的基础上添加纹样的元素，对纹样进行缩放、旋转、移动，以达到更好的视觉效果。使用绘图和编辑变形拉伸工具使纹样贴合在床品、靠垫、窗帘、装饰品上（图2-2-25）。

图2-2-25 室内空间图的选择与纹样应用

（3）使用填充工具、渐变工具、纹理工具、叠底工具等添加了颜色和纹理效果，使纹样更加生动和丰富（图2-2-26）。

图2-2-26 使用叠底工具增加纹样效果

（4）在纹样的基础上，添加了一些阴影、高光、线条细节和修饰，以增加纹样的立体感和层次感（图2-2-27）。

图2-2-27 添加细节和修饰增加立体效果

（5）导出和保存，完成纹样的绘制后，将其导出为常见的图片格式，如JPEG、PNG等，以便后续使用和打印。

项目三

"千岛嵌珠玑"题材家纺面料纹样设计

◎ **教学目标**

（1）了解"千岛嵌珠玑"设计主题的含义和背景，了解岛屿众多、水浪如宝石般的珍珠连成一串的意象。理解其寓意及象征意义，为设计提供思维指导。

（2）掌握选择与融合各种与"千岛嵌珠玑"主题相关的纹样元素，如岛屿、波浪、水花等。学习如何将这些元素有机地融合在一起，创作出独特而具有主题感的纹样。

（3）学习如何选择与"千岛嵌珠玑"主题相适应的颜色。探索颜色的搭配原理，学习如何运用冷暖色调、明暗对比、色彩饱和度等设计出丰富而有吸引力的配色方案。

（4）学习如何设计具有层次感和平衡美感的纹样构图。了解形状、线条、大小比例等纹样元素的使用方法，学习如何进行位置和比例的调整，以突出主题意境效果。

（5）掌握一些绘画、创意和数字工具的使用技巧，如水彩、Photoshop等。学习如何运用颜色、形状、纹理等法，营造出视觉冲击力和细腻感。

（6）鼓励学生发展独特的创意思维和个性风格。通过对"千岛嵌珠玑"主题的理解和表达，培养学生的创造力，引导他们思考如何将个人想法与主题融合，展示出个性化的设计作品。

"千岛嵌珠玑"
题材家纺面料
纹样设计

◎**项目导入**

千岛湖绿城诚澜酒店位于浙江省杭州市淳安县千岛湖镇，酒店因装修改造需要，委托杭州某装饰公司设计一款主题为"千岛嵌珠玑"题材家纺软包面料纹样，设计要求见《千岛湖绿城诚澜酒店客房样板房项目任务书》，如图2-2-28所示。

附件要求面料纹样以岛屿、波浪、水花纹样为主要题材，作品符合人们的度假休闲审美要求，具有中国传统纹样表现风格，色彩以蓝绿色调为主，辅以少量红紫色彩，要求附上纹样应用的效果图。设计总监李梅给设计师吴思丹布置了设计任务，要求在3个工作日完成。

任务一 项目分析与创意构思

【任务导入】

在公司产品设计室早会中，设计总监李梅给设计师吴思丹（以下简称"小吴"）布置了新的工作任务。任务是在3个工作日内开发一款主题为"千岛嵌珠玑"的酒店软包面料纹

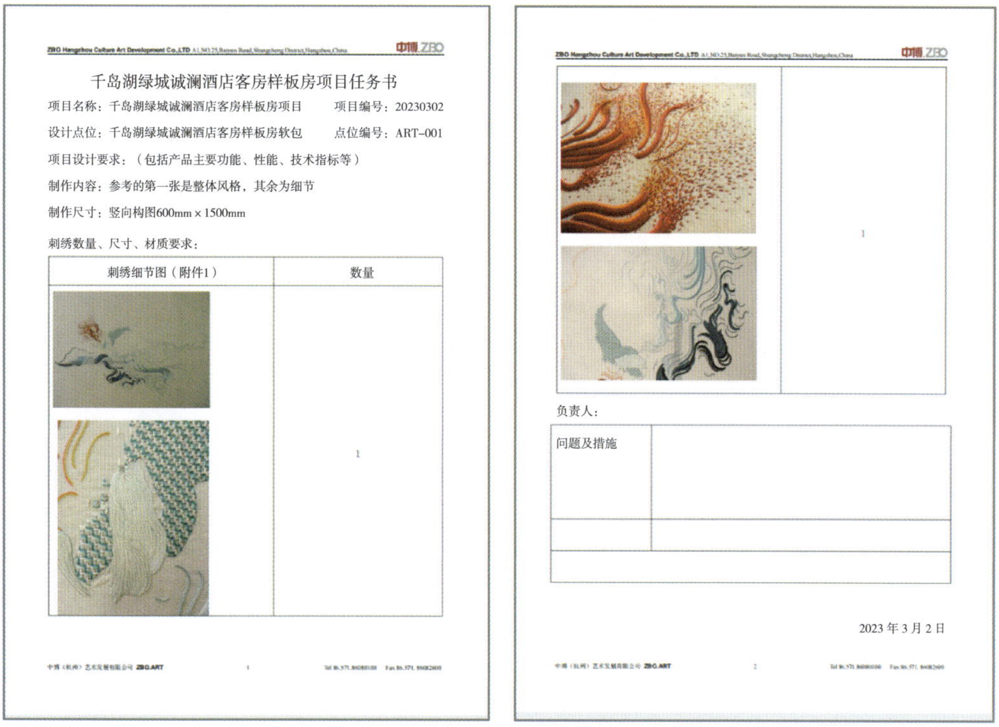

千岛湖绿城诚澜酒店客房样板房项目任务书

项目名称：千岛湖绿城诚澜酒店客房样板房项目　　项目编号：20230302

设计点位：千岛湖绿城诚澜酒店客房样板房软包　　点位编号：ART-001

项目设计要求：（包括产品主要功能、性能、技术指标等）

制作内容：参考的第一张是整体风格，其余为细节

制作尺寸：竖向构图600mm×1500mm

刺绣数量、尺寸、材质要求：

刺绣细节图（附件1）	数量
	1

	1

负责人：

问题及措施	

2023年3月2日

图2-2-28　千岛湖绿城诚澜酒店客房样板房项目任务书

样，需要小吴理解作品主题并且产生创意思想，选择岛屿、波浪、水花等纹样元素，使用手绘和数码工具进行设计表现与色彩搭配，运用形状、线条、比例等纹样元素，进行位置和比例的调整，以突出主题的视觉效果，实现绘制和编辑高质量的面料纹样。

【知识要点】

分析与创意构思部分的知识要点主要包括以下几个方面：

（1）纹样分析：对千岛嵌珠玑这个主题进行深入理解和分析，了解其含义、象征和特点。同时，针对酒店软包面料的使用场景和需求，对纹样的尺寸、图案布局、重复方式等进行分析，确定适合的纹样风格和形式。

（2）材质选择：根据酒店软包面料的特点和使用要求，选择适合的材质供应商。考虑到千岛嵌珠玑主题的高雅和奢华，可以选择具有质感的面料，如丝绸、绒布等。同时，还要考虑面料的耐久性、易清洁性和色彩牢度等指标。

（3）色彩搭配：根据“千岛嵌珠玑”主题的色彩特点，通过色彩搭配的方式表达主题的情感和氛围。可以选取大自然的颜色，如蓝色、绿色等，与主题相呼应。同时，还要考虑面料的色彩搭配与酒店整体风格的协调，营造舒适和融洽的环境。

（4）图案设计：根据“千岛嵌珠玑”的意象和特点，设计适合面料的图案，可以通过鱼纹、水波、山形等元素来表达主题。同时，还要考虑图案的尺度和比例，确保在面料上的适应性和美观性。

总之，分析与创意构思部分的重点是深入理解主题，根据酒店软包面料的需求和使用场景进行纹样分析、材质选择、色彩搭配、图案设计和创意构思。通过这些要点的运用，可以打造出适合"千岛嵌珠玑"主题的酒店软包面料纹样。

【任务实施】

一、项目分析

1. 项目背景

这个项目是为千岛湖绿城诚澜酒店设计一款软包印花面料纹样，主题为"千岛嵌珠玑"。

千岛湖位于浙江省杭州市淳安县境内，小部分连接杭州市建德市西北，是为建新安江水电站拦蓄新安江上游而成的人工湖。新安江水库建成后，大坝将新安江上游拦截成一个巨大的湖泊。崇山峻岭淹入湖中成为大小岛屿，共1078个，故名"千岛湖"。1955年，新安江水库动工兴建。千岛湖风景区群山绵延，森林繁茂，湖区573平方公里的湖水晶莹透彻，能见度达12m，属国家一级水体，被赞誉为"天下第一秀水"。2009年，千岛湖以1078个岛屿入选世界纪录协会世界上最多岛屿的湖，创造了世界之最。

千岛湖绿城诚澜酒店坐落在千岛湖旁，酒店软包设计中此款面料纹样要能够表达出岛屿众多连成一串的意象，并与家纺产品相匹配，给人以美感和舒适感。

2. 项目目标分析

（1）设计一个与"千岛嵌珠玑"主题相符的家纺软包面料纹样，突出岛屿和珍珠等元素的表达，以及主题寓意的美感和舒适感。

（2）通过纹样设计，为家纺产品增添独特性和吸引力，提升产品的市场竞争力。

本项目将根据所提供相关纹样素材为千岛湖绿城诚澜酒店客房两个床头柜上方的软包设计的纹样。

3. 参考纹样与千岛湖环境关系分析（图2-2-29）

形之和谐——纹样花叶水纹形状与千岛湖水纹相似。

色之和谐——纹样深蓝渐变至绿，由近及远与千岛湖水域空间同构。

4. 参考纹样的形式美感分析

线之美——曲线之游动，线面结合、近粗远细。

点之美——点是线的延续，点是渐变的面。

形之美——面、线、点穿插结合，灵动丰富之美。

色之美——蓝绿色调为主，红色点缀为辅，配色经典之美。

工艺之美——随形浮雕，色线空混之美。

图2-2-29　参考纹样与千岛湖环境的关系

二、创意构思

在设计"千岛嵌珠玑"题材家纺面料纹样时，小吴希望能够传达出清新、雅致、灵动和精致的感觉。这个设计理念旨在为室内空间带来一种轻松、舒适和高雅的氛围。

1.清新

选择明亮、柔和的色彩，如淡蓝、淡绿、淡黄等颜色，来打造清新的氛围。这些色彩可以让人感到宁静和放松，同时也与自然环境相呼应。

2.雅致

运用细腻的线条和精致的纹样来展现雅致的感觉。使用精美的流动性元素，以及传统的中国文化图案，如云纹、水纹、山水画等，来增加纹样的艺术感和文化内涵。

3.灵动

运用流畅的曲线和动感的形状来展现灵动的感觉。使用一些流线型的纹样或抽象的几何图形，以及一些动态的流水等，来增加纹样的动感和活力。

4.精致

注重细节的处理和精致的纹样设计。可以运用一些细小的花朵、叶子或纹理等元素，以及精细的线条和图案，来展现纹样的精致和精细度。

通过将清新、雅致、灵动和精致的元素融入纹样设计中，希望能够为家纺面料带来一种独特而又高雅的氛围。这样的设计理念可以让人在家中感受到清新宜人的氛围，同时也增加了空间的艺术感和个性化。

技术路线：构图竖向视觉流畅—线条曲线蜿蜒顺畅—点附线上渐变疏散—蓝、绿色调红色点缀以"S"形曲线由下及上，形成优美视觉流向，大弧度与小直角对角出现，近处线条宽大粗重，远处线条纤细。营造统一对比构图美感（图2-2-30）。

图2-2-30　设计纹样的形式美感

任务二　设计元素的表现

【任务导入】

设计师小吴完成了主题为"千岛嵌珠玑"题材家纺面料纹样的调研分析与创意思考后，进入了设计表现阶段。小吴认为此次纹样设计要在了解千岛湖的地理特点、自然景观和文化背景的基础上，采用手绘与计算机辅助设计相结合的方法完成设计方案，营造出安静、雅致和灵动的视觉美感。

【知识要点】

（1）"千岛嵌珠玑"主题手绘表现。

（2）纹样对称、重复、层次的构图和布局。

（3）纹样的色彩搭配和表现。

（4）纹样细节和质感表现。

（5）计算机辅助应用效果图设计。

【任务实施】

一、设计素材的手绘表现

小吴静静地坐在设计室的窗边，眺望着窗外的水面。微风拂过，水波荡漾，仿佛在奏着一曲优美的乐章。天空中，一群小鸟自由自在地飞翔，宛如一幅自然的画卷浮现在眼前。

小吴迅速拿起画笔和纸张，开始采用以下步骤进行手绘纹样的表现。

1. 用铅笔勾勒纹样轮廓

使用铅笔轻轻勾勒出纹样的轮廓，包括主要的纹样元素和边界线条。

2. 添加纹样的细节和质感

根据纹样的特点，逐渐添加细节和质感，如湖水的波纹、山脉的纹理等。使用彩色铅笔或水彩颜料进行渲染和涂抹，以增加纹样的立体感。

3. 运用色彩进行填充和渲染

选择适合题材的蓝绿色和红色，运用彩色铅笔或水彩颜料进行填充和渲染。运用色彩的明暗、对比和渐变等手法，以增加纹样的层次感和视觉效果。

4. 调整和修饰纹样

根据需要，对纹样进行调整和修饰，调整色彩的饱和度、修改图案的形状、增加或减少细节等。使用橡皮擦等工具进行修改。

5. 手绘版修整

在纹样绘制完成后，检查是否有遗漏或错误的地方，并进行修正。确保纹样的整体效果和细节表现都符合设计要求（图2-2-31）。

图2-2-31 设计纹样的手绘表现

二、设计方案的计算机辅助表现

1. 确定设计方案

根据"千岛嵌珠玑"题材的特点，确定设计方案的整体风格和要表达的意境，使用计算机辅助设计软件Photoshop绘制工具绘制纹样。

2. 调整纹样的颜色和大小

根据设计方案和家纺面料的要求，调整纹样的颜色和大小，使其与整体设计风格和面料特性相匹配。

3. 添加纹样效果

根据设计方案和面料特性，对纹样进行分层设计（图2-2-32、图2-2-33）。

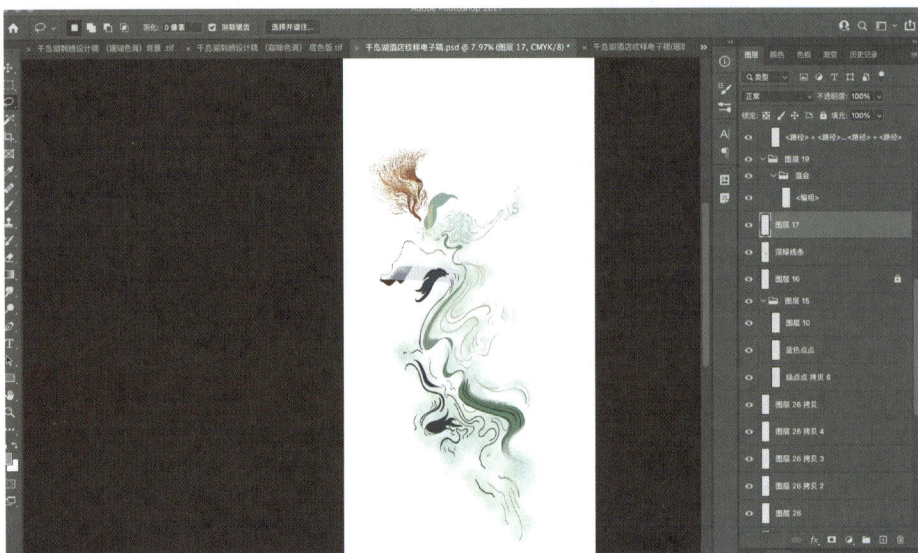

图2-2-32　设计纹样的计算机辅助分层设计

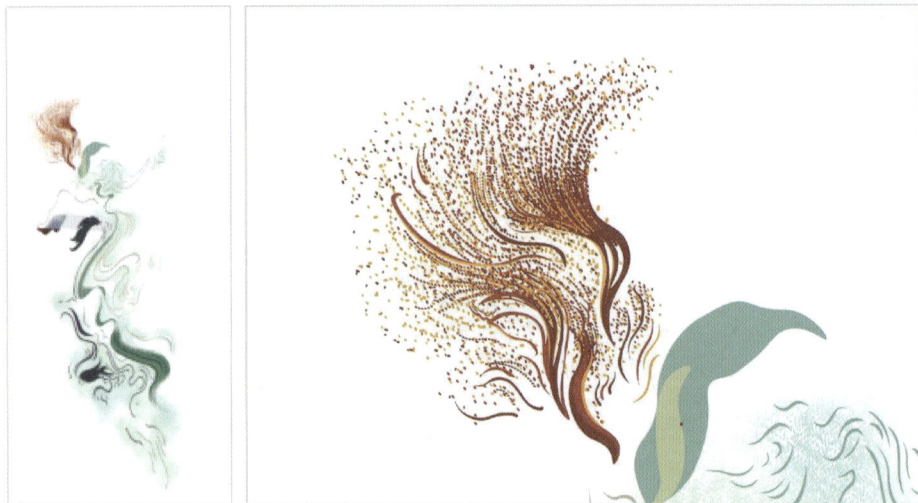

图2-2-33　设计纹样的计算机辅助分层设计细节

4.导出设计文件

完成纹样设计后，将设计文件导出为适合家纺面料生产的格式，如AI、PSD、JPG等。

通过计算机辅助表现，可以更加高效地进行纹样设计，并且可以随时进行修改和调整，以满足不同客户和市场的需求。

三、设计方案的色彩设计

（1）根据设计方案和题材特点，确定纹样的咖啡主色调和珊瑚主色调两种方案。选择与题材相关的土黄、褐色、深蓝色、赭石等颜色。

（2）根据客户要求的主色调，选择同类色、相邻色的进行配色，也可以根据色彩搭配的经验和感觉。

（3）根据设计方案和面料特性，调整纹样的色彩饱和度和明暗度。减少色彩的饱和度，使其更加柔和；调整色彩的明暗度，使其更加明亮或暗淡。

（4）根据客户要求和色彩美学规律，通过计算机辅助设计软件进行色彩的设计（图2-2-34）。

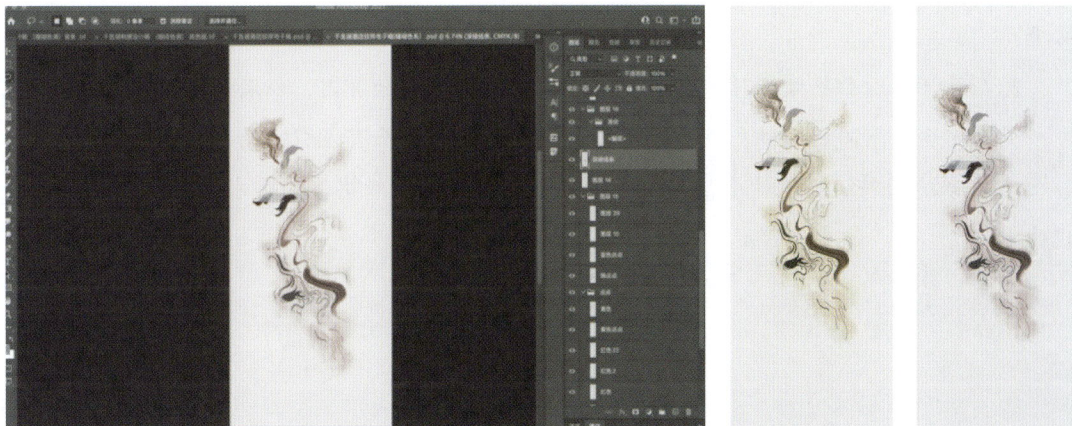

图2-2-34　设计纹样的计算机辅助色彩设计

四、设计方案的调整与完成

根据客户的需求，将设计方案右上的云水纹样向左收进一些。这样可以使整个纹样更加平衡和协调。主要通过以下步骤进行调整：

打开设计软件，找到"千岛嵌珠玑"题材家纺面料纹样的设计文件。选择右上纹样的图层或元素，使用移动工具将其向左移动一定的距离。根据实际需要进行微调，使纹样的整体布局更加均衡。预览调整后的纹样效果，确保纹样的整体视觉效果和比例没有明显的失衡或不协调之处。同时根据需要，对其他纹样元素进行微调和优化，以使整个纹样设计更加完善和符合要求。保存调整后的纹样设计文件，并导出为适合打印或生产的格式，如

JPEG 或 PDF 等。在调整和完成纹样设计方案时，参考设计中的形式美法则和经验，如平衡、对称、重复等，以确保纹样的整体效果和质感。图 2-2-35 是调整与完成的设计方案。

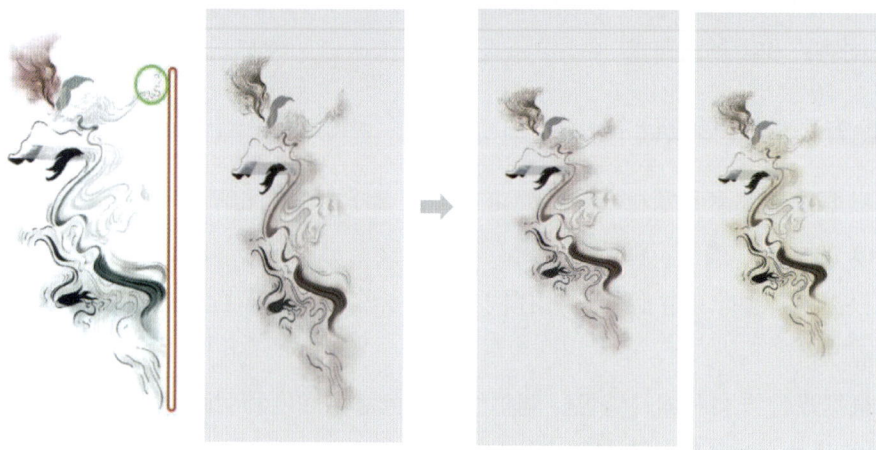

图 2-2-35　调整与完成的设计方案

◎ **习题**

1. 在家纺面料纹样设计中，如何选择合适的图案和颜色，以使其与整体家居环境相协调？

2. 在设计家纺面料纹样时，如何考虑不同房间的功能和氛围，以满足不同需求？

3. 如何运用不同的纹样元素和组合方式，创造出独特而有吸引力的家纺面料？

4. 在家纺面料纹样设计中，如何考虑不同年龄段和消费群体的需求，以满足市场多样化的需求？

模块三　文创产品印花面料纹样设计

服饰及文创产品印花面料纹样设计是指在服饰和文创产品的面料上通过印花技术创造出具有独特图案和纹理的设计。这些图案和纹理可以通过不同的颜色、形状和线条来表达，以达到美化产品、增加产品吸引力和体现个性化的目的。

○ 项目一

"故宫藏品系列钟表"题材文创产品纹样设计

◎ 教学目标

（1）了解故宫藏品系列钟表的特点和文化内涵，理解其在纺织文创产品中的应用价值。

（2）学习如何将故宫藏品系列钟表的元素和图案转化为纺织品纹样设计，以展现其独特的美学魅力。

（3）掌握纹样设计的基本原理和技巧，包括图案构图、色彩搭配和纹理处理等方面。

（4）培养创意思维和设计能力，能够创造出与故宫藏品系列钟表相匹配的纺织品纹样。

（5）了解不同材质纺织品的特性和适用性，以便选择合适的材料进行纹样设计。

（6）学习如何进行样品制作和产品展示，以展示设计的效果。

（7）了解纺织文创产品的市场需求和潮流趋势，将其融入纹样设计中，提高产品的市场竞争力。

"故宫藏品系列钟表"题材文创产品纹样设计

◎ 项目导入

浙江凯喜雅国际股份有限公司是一家以丝绸纺织为主业、农科工贸结合、内外销并举、产权多元的股份制企业集团。集团下属60多家公司，年销售额超百亿元人民币，进出口总额近10亿美元，是中国真丝绸商品出口的龙头企业，中国对外贸易500强企业，中国服务业500强企业，国际丝绸联盟（ISU）发起单位、主席单位。公司丝绸产品研发室计划开发一款主题为"故宫藏品系列钟表"的纺织文创产品纹样，以丝巾为主要产品，纹样以故宫珍藏的乾隆时期中西方制作的精美钟表为题材，作品符合当代年轻人审美要求。设计部主任孔祥光给设计师马文静布置了设计任务，要求在5个工作日完成。

任务一　项目分析与调研

【任务导入】

孔祥光是公司的设计部主任，负责指导设计师马文铮（以下简称"小马"）的工作。小马进入办公室后，孔主任将一份任务交给了他。孔主任说："小马，最近我们接到一个很重要的项目，是为故宫的藏品系列钟表题材设计一款丝巾。这个项目非常具有挑战性，因为需要将故宫的文化元素与钟表题材的设计相结合，打造出独特而富有故宫题材特色的丝巾纹样。你作为我们的资深设计师，我相信你一定能够胜任这个任务。"小马决定先对故宫进行深入的研究，了解其历史、钟表造型和文化特点，将故宫的传统图案和文化符号融入钟表题材丝巾的设计中。他将运用故宫的特色色彩和线条打造出独特而富有故宫风格的丝巾纹样。

【知识要点】

（1）"故宫藏品系列钟表"的题材与丝巾的设计相结合。

（2）丝巾设计与故宫的历史和文化艺术价值的体现。

（3）设计元素、色彩搭配、丝巾的材质和质感，以及不同人群的喜好和穿着场合的应用。

【任务实施】

一、项目分析

1. 项目目标

将故宫的文化魅力和钟表的艺术价值相结合，设计出独特而富有艺术价值的丝巾。展示故宫的历史和文化，以及钟表的设计元素，吸引消费者对故宫文化和钟表艺术的关注和认可。

2. 项目内容

研究故宫的历史和文化，包括建筑风格、文物收藏等，了解故宫的特色和文化元素。研究钟表的设计元素，包括形状、指针、刻度、表盘等，了解不同钟表的设计风格和特点。研究故宫文物中的图案和纹样，如云纹、龙纹、花卉纹等，作为丝巾设计的元素。选择适合丝巾设计的色彩搭配，参考故宫建筑和文物中常见的色彩。考虑丝巾的材质和质感，以及不同人群的喜好和穿着场合。运用创意和创新思维，将故宫的文化元素与钟表的设计相融合，打造出独特而富有艺术价值的丝巾设计。

二、项目调研

故宫珍藏钟表是古老的仪器，是故宫中珍藏的奇迹。钟声悠扬，报告时光的流转，表针回转，记录岁月的变迁，它们见证了历史的繁华。见证了王朝的兴衰。钟表，不仅是时间的守望者，更是文化的载体。它们蕴含着智慧和艺术，展示了人类的创造力。故宫钟表，珍贵的遗产，让我们感受历史的厚重，它们是文明的见证，也是人类智慧的结晶。

通过调研了解目标消费者对丝巾颜色、图案、材质等方面的喜好和偏好。①了解目标消费者对故宫的历史、建筑、文物等方面的认知和兴趣。②了解目标消费者对钟表的设计风格、品牌认知等方面的认知和兴趣。③了解目标消费者对丝巾的使用场合、搭配方式等方面的需求和期望。

为了设计一款符合人们喜爱的丝巾产品，小马采用了网络调研的方法展开了故宫藏品钟表设计素材的调研。小马首先通过百度搜索引擎输入"故宫藏品钟表"文字，键入图片搜索模式，得到故宫藏品钟表素材图片，根据需要下载保存（图2-3-1）。

图2-3-1　故宫藏品钟表素材图片

任务二　纹样设计表现

【任务导入】

小马看着调研报告中的故宫钟表图片，他领悟到故宫藏品系列钟表的特点和文化内涵，以及市场上并没有类似产品的情况。他思考着如何将故宫的传统元素和现代风格相结合，创造出独特的纹样设计。小马决定将钟表图案元素通过手绘的形式提炼设计元素，争取创造出具有故宫特色的丝巾作品。

【知识要点】

（1）故宫的历史、文化内涵、艺术风格。

（2）绘画基础知识和手绘表现与计算机辅助设计。

【任务实施】

一、故宫藏品钟表设计元素水粉画手绘表现

小马仔细观察钟表的形态和细节，尤其是钟表上的花纹和装饰。他注意到故宫钟表的设计非常精美，充满了中国传统文化的元素。有的钟表上绘有山水图案，有的钟表上雕刻着花鸟图案，还有的钟表上镶嵌着珍贵的宝石。小马觉得这些钟表不仅是时间的工具，更

是艺术品，展现了中国古代工艺和审美的精髓，他制订了以下步骤用水粉画的手法进行表现：

（1）准备好所需的水粉画材料，包括水粉颜料、画笔、水盘、画纸等。同时，准备好故宫藏品钟表的照片或图纸作为参考。

（2）用铅笔或细毛笔在画纸上轻轻勾画出故宫藏品钟表的轮廓。根据照片或图纸上的线条和形状进行勾画，保持比例和准确性。

（3）选择合适的水粉颜料，用画笔蘸取适量的颜料，然后在水盘中调配出所需的颜色。根据故宫藏品钟表的颜色和纹理，逐渐上色。先从大面积的颜色开始，再逐渐添加细节和阴影。

（4）在上色的过程中，使用湿画笔在画纸上进行渐变和过渡效果的处理。通过调整水粉颜料的浓度和湿度，实现颜色的渐变和过渡效果，使画面更加丰富和立体。

（5）在基本的上色完成后，使用细毛笔或细小的画笔进行细节的处理。根据故宫藏品钟表的细节特征，如刻度、指针、纹饰等，进行精细的描绘和修饰。

（6）在画作基本完成后，仔细观察和检查画面的各个部分，进行必要的修饰和完善。调整颜色的明暗度、增加细节的层次感等，以使画作更加完美（图2-3-2）。

图2-3-2　故宫藏品钟表手绘表现

二、故宫藏品钟表计算机表现

小马完成了故宫藏品钟表设计元素水粉画手绘表现之后，开始采用计算机辅助设计的方式对手绘素材进行深化，使其成为合格的电子纹样元素，步骤如下：

（1）使用设计软件（如Photoshop、Adobe Illustrator等）将手绘完成的钟表元素导入计算机，使用钢笔工具进行抠图。

（2）根据故宫藏品钟表的特点和细节，使用设计软件添加相应的纹饰、刻度、指针等元素。可以使用绘图工具、形状工具、笔刷工具等进行绘制和编辑。

（3）使用设计软件的调色板和纹理工具，对钟表的颜色和材质进行调整。可以根据故宫藏品钟表的实际材质和颜色进行模拟和调配。

（4）在设计基本完成后，可以对细节进行进一步的完善和修饰。可以调整元素的位置、大小、透明度等，以使设计更加精细和完美。

（5）完成设计后，可以将设计文件输出为常见的图片格式，如 JPEG、PNG 等（图2-3-3）。

图2-3-3　故宫藏品钟表计算机表现

任务三　丝绸方巾的构图与设计

【任务导入】

小马通过计算机辅助设计的方式对手绘素材进行深化之后，享受着自己的绘画成果。他觉得自己的努力和付出会得认可，这些绘画元素展现出了他对故宫钟表的热爱和对艺术的追求。接下来小马开始进行丝绸方巾的构图与设计。

【知识要点】

（1）丝绸方巾设计元素的色彩、比例和平衡。

（2）丝绸方巾常见的装饰构图形式。

【任务实施】

一、学习丝绸方巾的构图形式

小马首先学习了丝巾的构图方式，了解到：丝绸方巾的构图在装饰构图中又称综合构图，是指按照一定的工艺条件、功能要求和审美需要，把单独构成、适合构成、二方连续构成及四方连续构成等方法综合运用到丝巾构图中。丝绸方巾的构图形式多样，常见的有格律体、平视体和立视体构图。

1. 格律体构图

格律体构图是指以九宫格、米字格或两种格子相结合作骨式基础的构图。既具有结构严谨、和谐稳定的程式化特征，又具有骨式变化多样、不拘一格的情趣格律体骨式。

格律体的构图步骤：求中心，分面积，取骨式，配纹样（图2-3-4）。

求中心

分面积

取骨式

配纹样

图2-3-4 格律体构图步骤

2. 平视体构图

平视体构图是指画面不受透视规律限制，所有形象都处于视平线上的一种平面化的构图。形象一般表现侧面，简练单纯，不刻意追求空间的纵深层次，有如剪纸效果（图2-3-5）。

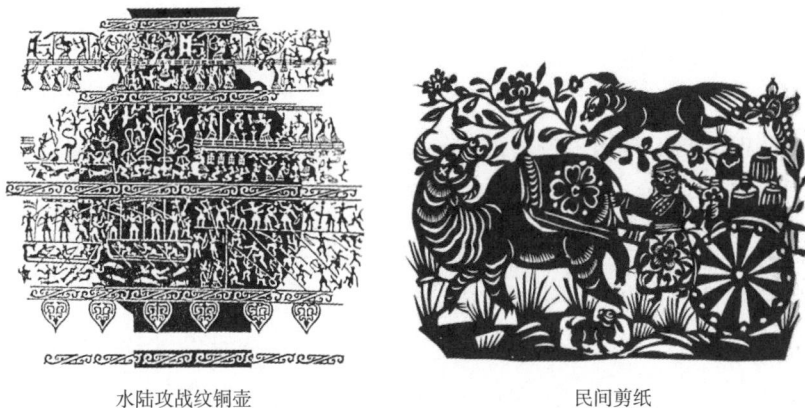

水陆攻战纹铜壶

民间剪纸

图2-3-5 平视体构图

3.立视体构图

立视体构图是指画面不受透视规律限制，所有形象都处于立体透视的构图中
（图2-3-6）。

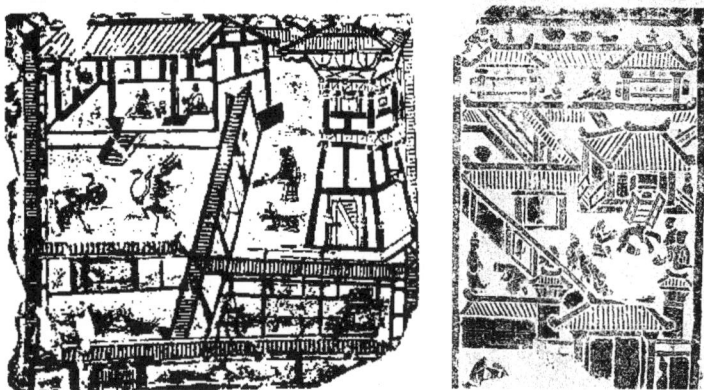

汉代庭院

图2-3-6　立视体构图

根据以上丝巾的构图规律，采用格律体构图，即将丝巾的图案和元素按照一定的规律
排列和组合。格律体构图可以使丝巾的图案更加有序和美观，给人一种整齐和谐的感觉。

在格律体构图中，采用了对称、重复、平衡等方式来安排丝巾的设计元素。对称构图
是指将图案按照中心轴线对称排列，左右两侧的图案相似或完全相同。重复构图是指将相
同的图案或元素在丝巾上多次重复出现，形成有规律的排列。平衡构图是指将图案或元素
在丝巾上分布均匀，左右或上下两侧的图案或元素数量相等或相似。

除格律体构图方式外，还可以根据丝巾的形状和尺寸来选择合适的构图方式。例如，
对于长方形的丝巾，可以采用纵向或横向的对称构图方式，使设计元素在丝巾上呈现出一
种平衡和谐的效果。对于正方形的丝巾，可以采用四角对称构图，将图案或元素分别安排
在丝巾的四个角落，形成一种均衡的布局。

二、设计丝绸方巾

小马通过学习了解到丝绸方巾常见的构图形式，于是设计了两款构图方式不同的丝绸方巾。

方案一：丝巾采用了格律体构图方式。格律体构图方式使整个画面呈现出平衡和谐的
美感，同时突出了主要钟表的指针元素，使其成为视觉焦点。四个形状不同的中国传统宝
相花纹样则展示了丰富多样的传统文化元素，同时也象征着四季的变化和循环。这些宝相
花纹样放置在画面的四个角落，不仅增加了画面的层次感，还突出了丝巾的中国传统文化
主题。衬托以缠枝花叶纹样，进一步丰富了丝巾的设计。这些花叶纹样与宝相花纹样形成
了对比，既增加了画面的细节和纹理感，又使整个设计更加丰满和立体。四周用钟表和金
属链条连接，不仅增加了丝巾的时尚感，还与主要钟表的指针元素形成呼应。这种设计方

式使整个丝巾看起来更加精致和有质感。

方案二：同样采用了格律体构图方式，在丝巾上绘制钟表的图案，在画面中心选择了方形钟表作为主要元素设计。辅以多种造型钟表纹样环绕，在丝巾的边缘或者中间部分添加金属链条的图案，增加了丝巾的质感和时尚感。将钟表和金属链条等元素按照一定的规律排列在丝巾上。选择了将钟表和金属链条等元素以对角线、水平线或者垂直线的方式排列，增加丝巾的美感和平衡感。

总的来说，这款丝巾的设计巧妙地融合了格律体构图方式、中国传统花纹样和钟表元素，展现了丰富多样的传统文化元素，同时又具有时尚感和艺术感。无论是作为服饰配饰还是艺术收藏品，都能够给人带来独特的视觉享受和文化体验（图2-3-7）。

图2-3-7 设计完成的两种丝巾设计方案

任务四 丝绸方巾效果图设计

【任务导入】

小马经过3天时间的设计终于完成了故宫钟表题材的丝绸方巾设计方案，为了帮助客户更好地了解方巾的外观和效果，他认为应该通过绘制精美的丝巾应用效果图来展示设计作品，提高客户的满意度。

【知识要点】

（1）根据方巾的尺寸和形状，合理安排钟表图案和设计元素的比例和位置，以获得整体平衡和美感。

（2）使用阴影、光线效果、纹理等工具，增加方巾的质感和层次感，使效果图更加生动和真实。

【任务实施】

小马为了使客户更好地了解方巾的外观和效果，开始绘制效果图，以下是绘制丝巾应用效果图的步骤。

1. 寻找佩戴丝巾的女性人物素材

在设计中加入女性人物可以增加丝绸方巾的时尚感和生动性。通过网络搜索或者购买版权图片等方式获取女性人物素材，将原有丝巾中的纹样通过图章工具处理干净，以便于设计纹样的应用（图2-3-8）。

图2-3-8　寻找佩戴丝巾的女性人物素材

2. 抠图

使用图像处理软件（如Photoshop）对女性人物丝巾进行抠图，将其从原始背景中分离出来。使用抠图工具（如魔棒工具、套索工具、钢笔工具等）进行精确的抠图。

3. 图变形应用

将丝巾贴到抠出的丝绸方巾的设计中。使用变形工具（如自由变换、扭曲、缩放等）对女性人物进行调整，使其与方巾的形状和尺寸相匹配（图2-3-9）。

4. 正片叠底

在图像处理软件中，将女性人物图层的混合模式设置为正片叠底。使女性人物与方巾的图案融合在一起，增加整体的和谐感（图2-3-10）。

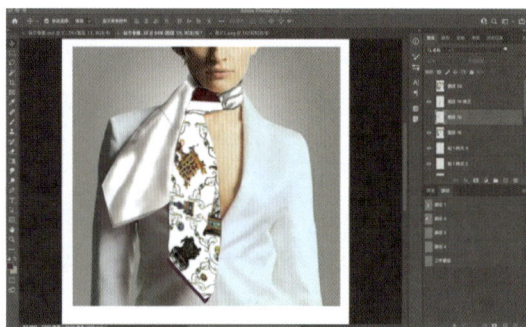

图2-3-9　图变形应用　　　　　　　　图2-3-10　正片叠底

5. 整体调整

对整个设计进行调整和优化。调整女性人物的透明度、亮度、对比度等，使其与方巾的颜色和光线效果相协调。对方巾的整体色调、饱和度、亮度等进行调整，使其更加符合设计要求。

最后，保存设计文件并输出为所需的格式（如JPEG、PNG等），以便后续的打印和生产参考使用（图2-3-11）。

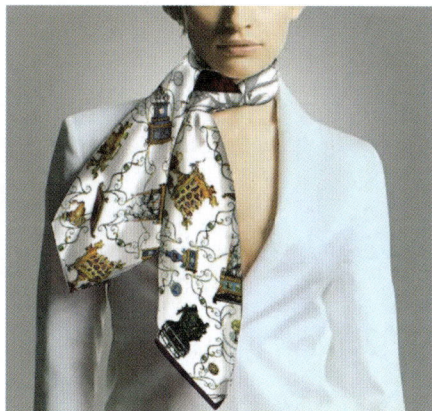

图2-3-11　整体调整

○ 项目二 / "嫘祖始蚕" 题材文创产品纹样设计

◎ 教学目标

（1）学习嫘祖始蚕的传说故事和相关的历史文化知识，以便能够在纹样设计中准确表达"嫘祖始蚕"的主题和意义。

（2）根据"嫘祖始蚕"的主题和意义，选择合适的色彩搭配方案，以展现出"嫘祖始蚕"的神秘和庄重。

（3）创作出与"嫘祖始蚕"题材相匹配的图案和纹理，可以使用蚕的图案元素、嫘祖的形象、中国传统文化的图案等，以丰富T恤的设计效果。

（4）根据T恤的尺寸和形状，合理安排"嫘祖始蚕"图案和设计元素的比例和位置，以达到整体平衡和美感。

（5）使用阴影、光线效果、纹理等工具，增加T恤的质感和层次感，使纹样更加生动和真实。

（6）注重细节处理，确保"嫘祖始蚕"图案和设计元素的比例和位置准确，以展示T恤的整体平衡和美感。

（7）与客户进行有效的沟通，了解客户对"嫘祖始蚕"题材T恤的需求和喜好，并根据客户的反馈进行修改和调整。

通过达到以上教学目标，能够设计出具有"嫘祖始蚕"题材的T恤产品纹样，展示出纹样的主题和意义，提高客户的满意度。

"嫘祖始蚕"
题材文创产品
纹样设计

◎ 项目导入

为了促进我国服装产业的发展、服装产品的销售，由中国纺织工业联合会指导，中国服装协会、河南省商务厅、驻马店市人民政府主办，河南西平县人民政府、河南省服装行业协会、河南卫视承办的"626中国服装品牌直播日"活动在河南省驻马店西平举行，意在向全世界大分贝发出西平声音，强化"丝绸源点是西平""嫘祖故里在西平""时尚西平，服装西平""直播西平，网红西平"；通过活动将全国业界目光聚焦到嫘祖故里西平，发扬嫘祖精神，传承服饰文明；同时，"626中国服装品牌直播日"系列活动也将西平发展服装产业的决心，通过强有力的媒体宣传深入人心，达到"数字经济促经济、品牌直播树品牌"的目的，从而实现"以播促产、以产引商"的战略目的，全面推进河南服装产业发展，通过宣传动员，海选西平本地的优秀主播参加直播日当天的活动，挖掘、培育西平网红，形成人人当主播，人人能带货的直播氛围，助力创新创业，助力服装产业，助力乡村振兴。

为此需要设计一款具有河南特色,反映嫘祖故里文化的纹样,印制在T恤上作为活动期间统一标志的服装。

河南省服装行业协会委托杭州职业技术学院白志刚老师开发一款主题为"嫘祖始蚕"题材的T恤产品,作品在直播日当天使用,要求符合当代年轻人审美要求。白志刚老师接受了设计任务,计划在5个工作日完成。

任务一 项目分析与调研

【任务导入】

2020年5月的一天杭州职业技术学院白志刚老师接到河南省服装行业协会的电话,电话中指出:河南驻马店西平是嫘祖故里,如今西平县已拥有纺织服装生产企业50余家,服装产业工人5000多人,是全国纺织产业转移试点园区、国家智慧型纺织产业园区试点、中国服装制造名城、河南省服装产业名城。为了促进西平服装产业的发展、服装产品的销售,第一届"626中国服装品牌直播日"活动于6月26日在河南省驻马店西平举行。为此希望白老师能够设计一款带有嫘祖纹样的T恤,作为活动时的形象产品。白老师接受任务后,决定先对目前已有的设计作品和国际T恤品牌进行深入研究,了解其文化纹样特征。将中国传统嫘祖纹样融入T恤产品的设计中。

【知识要点】

(1)嫘祖始蚕的传说故事、形象特点和文化背景。

(2)嫘祖始蚕造型纹样的设计表现。

(3)中国传统文化中常见的颜色与国际流行色的结合。

(4)纹样的构图和排列。

(5)材质和工艺的选择。

【任务实施】

一、项目分析

1. 项目背景

"626中国服装品牌直播日"活动计划推出一款以"嫘祖始蚕"为题材的T恤产品,通过直播日活动进行推广和销售。嫘祖是中国古代传说中养蚕制衣第一人,具有深厚的文化底蕴和历史意义。该项目旨在通过设计独特的纹样,展现嫘祖始蚕的故事和中国传统文化,调动消费者的兴趣和购买欲望。

项目目标:设计一款独特、富有创意的纹样,能够准确传达嫘祖始蚕的故事和中国传统文化。调动目标消费者的兴趣和购买欲望,提高销售量和品牌知名度。通过直播日活动,有效推广和销售河南驻马店西平地区服装产品。

2.目标消费者

（1）文化爱好者：对中国传统文化和历史感兴趣的人群，他们对"嫘祖始蚕"这一传说故事和相关的历史文化知识有一定了解，并且希望通过穿着T恤来展示自己对传统文化的热爱。

（2）时尚潮人：追求个性和独特的时尚潮人，他们喜欢穿戴有创意和有故事的服饰，对于"嫘祖始蚕"这一题材可能会被其神秘和庄重的氛围所吸引。

（3）参会者：对于来自国内外的参会者来说，购买一件"嫘祖始蚕"题材的T恤可以成为他们展会活动的纪念品，同时也能够展示他们对中国传统文化的兴趣和尊重。

3.嫘祖始蚕故事

相传在远古时代，有一位名叫嫘祖的女子。她非常聪明、勤劳，善于观察和思考。有一天，她在桑树下休息时发现一只蚕吐丝结茧。她好奇地观察着蚕吐丝的过程，想到了利用蚕丝来制作衣物。嫘祖开始研究如何养蚕和制作丝绸，她发现桑叶是蚕的食物，于是她开始种植桑树，并仔细观察蚕的生长过程。经过不断的试验和努力，嫘祖终于掌握了养蚕和制作丝绸的技术。她将这项技术传授给其他人，并逐渐发展成为中国的丝绸产业。嫘祖始蚕的故事象征着中国丝绸文化的起源。丝绸作为中国的传统特产，代表着中国古代文明的繁荣和创造力。这个故事也广为流传。

二、项目调研

国际T恤品牌调研：通过调研白老师可以了解到国际T恤品牌纹样基本上是以公司标志为设计题材，这些标识纹样具有以下几个特点。

（1）标志简单，易识别，标志含义深刻，品牌故事丰富。

（2）标志在服装空间的位置，基本上在服装黄金分割点上。

（3）单色、两色居多，或者同类色纹样，小面积色彩点缀。

西平代表性传统文化——嫘祖纹样的特点。

1.嫘祖形象

嫘祖是中国古代传说中的女性英雄，她的形象可以作为纹样的主要元素之一。可以通过描绘嫘祖的服饰、发型或者面部特征来展现她的形象。

2.寓意深刻

嫘祖纹样不仅反映了西平作为蚕丝发明者的故乡，中华纺织起源的地位，还弘扬了嫘祖的传统文化和纺织技艺。它不仅是一种纹样设计，更是对中国纺织业和传统文化的致敬和传承。

3.造型精美

嫘祖汉代画像砖造型通过砖雕的方式，以嫘祖的面容、服饰和发型等元素为主题，展现了嫘祖的威严和尊贵。作品直观地反映了先人朴素的审美趋向，不仅是对嫘祖的致敬，也是对中国古代纺织业和传统文化的传承和弘扬。

4. 表现特别

河南汉代画像砖雕以"面"的形式，通过阴刻的表达手法，塑造了嫘祖形象。砖雕作品不仅展现了汉代砖雕艺术家的技巧和艺术造诣，也传承和弘扬了河南的历史文化（图2-3-12）。

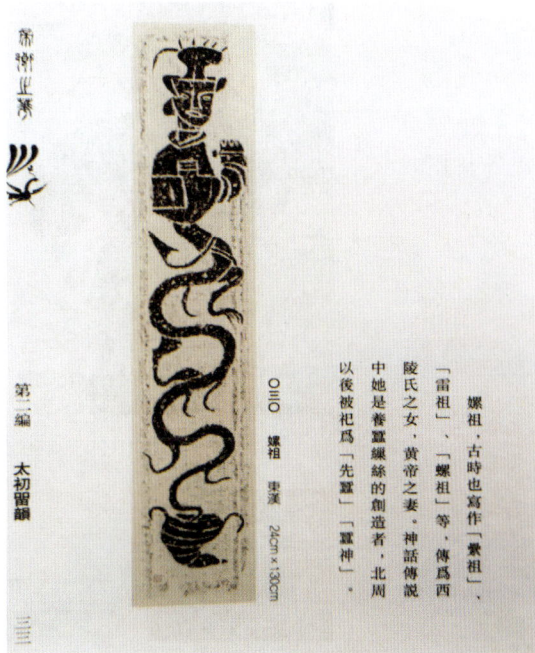

图2-3-12　嫘祖纹样的特点

任务二　创意构思与设计

【任务导入】

白老师接受嫘祖始蚕T恤纹样的设计任务后，他开始仔细研究相关调研材料和图片。他深思如何将嫘祖始蚕的故事和中国传统文化中的价值观融入纹样设计中。

首先，白老师思考如何通过纹样设计表达勤劳和创造力。他考虑使用蚕丝线勾勒出蚕丝的造型，以展现嫘祖的勤劳和创造力。其次，白老师也思考如何通过纹样设计体现对自然的敬畏和与自然和谐相处的思想。他计划使用自然界中的元素，如嫘祖形象来构建纹样。他还考虑使用流畅的线条，以表达与自然和谐相处的意境。

在深思之后，白老师开始着手设计嫘祖始蚕T恤纹样。他希望通过精心的设计，将嫘祖始蚕的故事和中国传统文化中的价值观融入纹样中，以展示丝绸文化的独特魅力和深厚底蕴。

【知识要点】

（1）嫘祖始蚕的起源、发展和相关的传说故事。

（2）学习纹样设计的基本原理。

（3）人物、几何形状等各种纹样设计元素的使用方法。

（4）适合的色彩组合表达设计主题和情感。

（5）手绘和电脑绘图的基本技巧。

【任务实施】

白老师考虑结合嫘祖始蚕的特点，使用中原传统地方元素和人物形象，创造性地设计出能够传达具有中国传统概念的纹样。在纹样的设计与使用过程中，选择使用有机棉、可再生纤维等环保的材料和工艺，通过数码印花生产工艺呈现出创意构思的纹样（图2-3-13、图2-3-14）。

图2-3-13　嫘祖始蚕题材

图2-3-14　有机棉与数码印花生产工艺

一、设计思路

　　"嫘祖始蚕"题材的T恤产品纹样设计思路，首先本着简洁易识别的原则，以圆形为基础，将嫘祖纹样以简洁的形象嵌入其中，使整个标识易于辨认和记忆，在标识中加入西平嫘祖传统元素，突出西平地区的特色和文化，在标识的设计上注重细节和创意，运用阴刻的汉画像砖效果，使整个标识更具艺术感和设计感，通过一个前后黑白互换的空间，将嫘祖纹样在此空间中形成视错觉，既能展现时尚感，又能体现个性。用色彩点缀来增加视觉效果和吸引力。

　　通过设计元素的综合表现，最终创作出简洁易识别，体现西平传统、展现中华魅力的"嫘祖始蚕"的产品纹样（图2-3-15）。

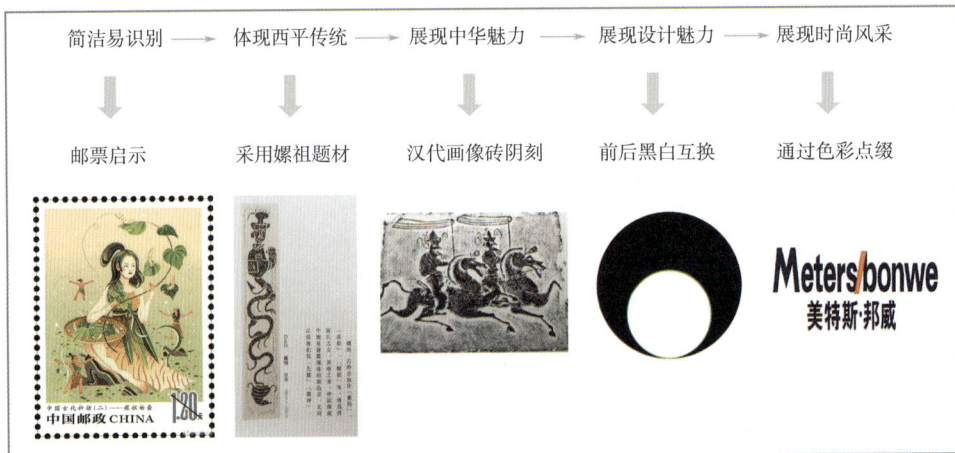

图2-3-15　"嫘祖始蚕"题材T恤产品纹样设计思路

二、设计草图方案

画像砖中嫘祖形象素材提炼：嫘祖的整体轮廓可以通过面的修整来表现，体现出嫘祖细腻的外形轮廓和五官结构（图2-3-16）。

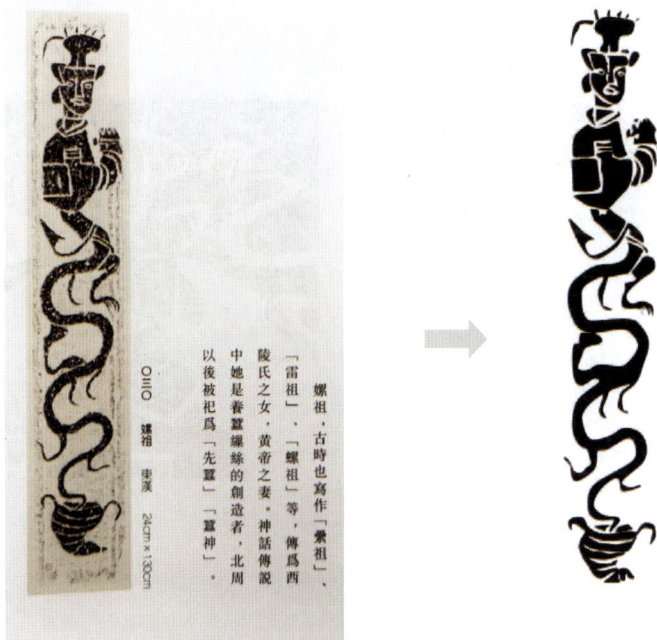

图2-2-16 画像砖中嫘祖形象素材提炼

三、手绘草案

使用铅笔绘制一个黑白互换的圆形，在圆形空间的白色中心位置，使用铅笔采用黑色阴刻形式绘制嫘祖纹样，突出其在整个设计中的重要性，在圆形空间的外围黑色区域，使用白色画出尾部蚕茧丝线纹样，突出纹样的细节和纹理。在圆形外围区域，写出本次活动的主题文字（图2-3-17）。

图2-3-17 画像砖中嫘祖形象手绘草案

四、计算机辅助设计嫘祖形象

为了使嫘祖形象更加符合当代人的审美需求，我们对画像砖中嫘祖五官形象进行了提炼和完善。嫘祖的面部轮廓是纹样作品中的重要表现元素，通过计算机辅助设计阴刻的表现手法，准确再现嫘祖的面部轮廓。通过精细的刻线和纹理，展现眉毛、鼻子、嘴唇的形状和特征，以及嫘祖的威严和尊贵（图2-3-18）。

图2-3-18　计算机辅助设计嫘祖形象

五、深化设计

根据历史资料和文化背景，设计出符合古代女性面部特征的嫘祖形象。通过细致的线条、轮廓和表情来表达突出嫘祖的柔美和智慧，使用曲线和流畅的线条，展现嫘祖的庄重姿态，优雅和柔美，高贵和自信。使用流线型的尾部设计，使其与圆形背景相呼应，增加整体形象的流畅感。关于圆形背景及内外装饰文字的黑白互换，可以尝试以下设计思路：使用纹饰来装饰圆形背景，以增加整体形象的美感和独特性。

尝试在黑白背景上使用白色文字，以突出文字的清晰度和对比度。在黑色背景上使用白色文字，可以使文字更加醒目和易读。而在白色背景上使用黑色文字，则可以使文字更加凸显和突出。

通过以上的深化设计和细化与提炼，可以使嫘祖形象更加丰富和生动，突出其独特的文化内涵和美感（图2-3-19）。

图2-3-19　"嫘祖始蚕"题材T恤产品纹样的深化设计

六、中国传统色彩的启示

中国传统色彩是指在中国传统文化中广泛应用的一系列颜色。这些颜色通常与中国的历史、文化、哲学和艺术密切相关，具有独特的象征意义和审美价值。

中国传统色彩与五行说则是基于中国古代哲学思想中的五行色彩理论。中国传统色彩的五行说是指将颜色与五行理论相结合，认为每种颜色都与五行（木、火、土、金、水）中的某一种元素相对应。这种理论认为，不同的颜色具有不同的能量和属性，可以影响人们的情绪和气场。

根据五行说，以下是中国传统色彩与五行的对应关系：

（1）红色：与火相对应。红色代表热情、活力和繁荣，常用于庆祝和喜庆的场合。

（2）黄色：与土相对应。黄色代表稳定、丰收和富饶，常用于象征权力和地位。

（3）蓝色：与木相对应。蓝色代表清新、宁静和成长，常用于表达生命的美好。

（4）白色：与金相对应。白色代表纯洁、无瑕和高贵，常用于婚礼等场合。

（5）黑色：与水相对应。黑色代表神秘、深邃和潜力，常用于表达内敛和力量。

这种五行说的理论在中国文化中有着深厚的影响，被广泛应用于艺术、建筑、装饰、服饰色彩搭配和风水等方面。人们常常根据五行说来选择适合的颜色来装饰生活环境，以达到平衡、和谐的效果（图2-3-20）。

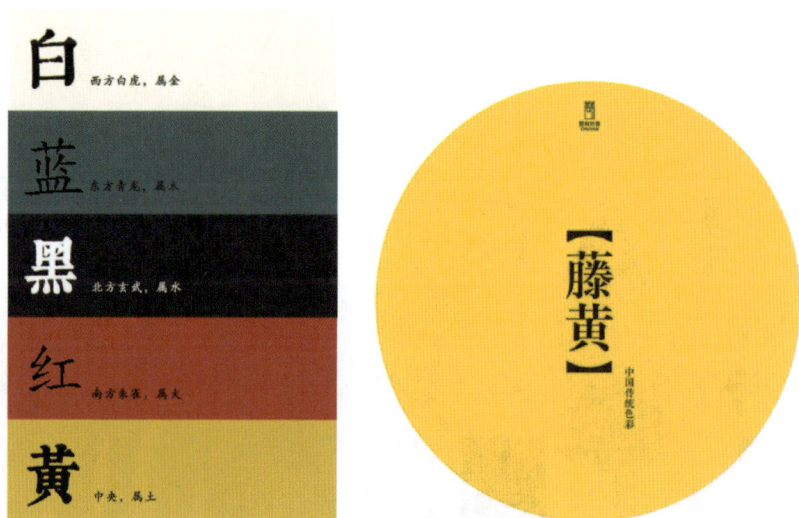

图2-3-20 中国传统色彩的启示

黄色通常被认为是一种明亮、活力和快乐的颜色。它常常与太阳、温暖和活力相关联。黄色也可以象征着希望、乐观和积极的态度。在中国文化中，黄色被视为吉祥和幸运的颜色，代表着丰收和繁荣。

灰色是一种中性色调，可以与其他颜色搭配得很好。它既不会过于突出，也不会过于抢眼，能够平衡整体色彩，使标识纹样更加稳定和协调。灰色给人一种稳重、专业的感觉。

在标识纹样上使用灰色可以增加品牌的专业形象，灰色给人一种高级、奢华的感觉。在T恤衫标识纹样上使用灰色可以增加产品或服务的高端形象，适合用于时尚、奢侈品等领域。灰色作为中性色调，用于平衡其他鲜艳或亮度较高的颜色。在标识纹样上使用灰色可以使整体色彩更加和谐，避免过于突兀或刺眼的效果。在标识纹样上使用灰色可以更灵活地搭配其他颜色，实现不同风格和效果的设计。

色彩权威机构潘通（Pantone）根据2023年春夏纽约时装周总结出的十大流行色彩，也几乎都是明亮度较高的色彩（图2-3-21、图2-3-22）。

图2-3-21　国际品牌T恤色彩的启示1

图2-3-22　国际品牌T恤色彩的启示2

参考了中国传统色彩与2023年色彩流行趋势以及国际服饰品牌T恤色彩后，白老师考虑采用金黄色和灰色作为纹样的主要色彩（图2-3-23）。

图2-3-23 "嫘祖始蚕"题材T恤纹样色彩设计

七、T恤纹样调整

为了增加灵动性,"嫘祖始蚕"题材T恤标识纹样增加了冰裂纹,冰裂纹是一种具有独特美感和灵动性的纹样,可以很好地与嫘祖题材相结合,增加人物形象的视觉效果和吸引力。在设计中,将冰裂纹与嫘祖形象相融合,形成一种独特的纹样风格。同时,冰裂纹的设计也可以突出嫘祖形象的神秘和威严,使衣物更具文化内涵和艺术价值(图2-3-24)。

图2-3-24 T恤纹样调整

○ 项目三

"蝶变"题材文创产品纹样设计

◎ 教学目标

（1）了解蝶的象征意义和文化内涵：学习蝶在不同文化中的象征意义和寓意，了解蝶的形象和特点。

（2）掌握丝巾设计的基本原理和技巧：学习丝巾设计的基本原理，包括线条、形状、色彩、对称性等，了解不同元素和构图方式在丝巾设计中的应用。

（3）培养创意构思和设计能力：培养学生的创意思维和设计能力，能够将蝶的形象和寓意融入丝巾设计中，以展示独特的创意和艺术表达。

（4）掌握色彩搭配和配色技巧：学习色彩的基本原理和配色技巧，了解不同色彩组合的效果和表达方式，能够选择适合的色彩搭配来表达设计主题和情感。

（5）掌握手绘和计算机绘图技巧：掌握手绘和计算机绘图的基本技巧，以便将设计想法转化为丝巾图案，并能够使用相关软件进行设计和编辑。

通过以上教学目标的达成，学生可以在"蝶变"题材丝巾及文创产品设计项目中，获得丝巾设计和文创产品设计的基本知识和技能，培养创意思维和设计能力，以及对丝绸文化和市场需求的理解，从而创作出具有艺术价值和市场竞争力的作品。

"蝶变"题材
丝巾及文创
产品纹样设计

◎ 项目导入

改革开放四十多年，我们走上了一条具有特色的创新驱动发展之路。随着科学技术的迅猛发展，生态问题随之浮现。现代工业生产的急剧增长，环境污染日益突显。科学技术是一把"双刃剑"，它一方面为创造人类的幸福提供了空前无限的能力和广阔美好的前景；另一方面又为破坏自己的生存基础提供了条件，给人类的未来笼罩上阴影。

杭州诗季宝数码科技有限公司设计部基于这种思考计划开发一款"蝶变"题材的丝巾及文创产品设计作品，设计任务交给了公司设计师陆晓聪。公司认为，从细致华丽的丝巾来入手，衍生一个具有想象力、梦幻，同时有历史感的文创系列作品，告诉人们警惕科技甜美的陷阱，不要只享受眼前科技的便利而没有长远的眼光去审视科技与自然的关系。希望人们能从作品中传达出动物与工业、自然与工业、人类与工业的连锁思考，用其中尖锐的矛盾、异化的结合来提醒现代社会的我们对于赖以生存的环境的珍视。

任务一 项目分析与调研

【任务导入】

设计总监孔雀走进纹样设计室，面带微笑地向陆晓聪设计师打招呼。他们拿出一本关于蝴蝶的书籍，放在桌上。

"今天带来了一个特殊的设计项目，主题是'蝶变'。工业化和城市化的快速发展带来了许多经济和社会的好处，但同时也带来了严重的环境污染问题，我们想通过丝巾及文创产品设计，让人们认识到空气污染、水污染和土壤污染等问题，不仅会导致人们患上各种呼吸系统和消化系统疾病，还会破坏生态平衡，影响生物多样性。蝴蝶是一种美丽而神奇的生物，它们经历了从幼虫到蛹，再到成虫的蜕变过程，象征着变化和成长。希望设计出体现工业时代环境重要性的'蝶变'主题丝巾及文创产品。"孔总监停顿了一下，让陆晓聪思考和感受这个主题。然后，他继续说道："在设计过程中，我希望你能够充分发挥自己的创意和想象力，将蝴蝶的元素融入设计中。可以从蝴蝶的翅膀纹理、色彩和形状等方面入手，创造出独特的纹样设计。同时，我们也可以考虑将蝴蝶的蜕变过程和象征意义融入产品的设计中，让人们在使用产品时感受到工业时代生态环境的重要性以及蝴蝶的美丽和力量。最后，希望你能够全情投入这个项目中，发挥自己的才华和创造力。你的设计将会成为公司的一张名片，代表着我们的品牌形象和创意能力。"

陆晓聪设计师充满激情和动力，开始思考和讨论如何将蝴蝶的美丽和蜕变融入设计中。她相信，在这个充满创意和挑战的项目中，她能够创造出令人惊艳的作品。

【知识要点】

设计工业时代生态环境变化下，"蝶变"主题的丝巾，需要掌握以下知识要点：

（1）工业革命的发展过程、工业化对环境的影响以及环境保护的重要性。

（2）生态环境保护的基本概念，包括减少污染、节约资源、保护生物多样性等。

（3）纹样设计的基本原则，如对比、平衡、重复、节奏等，以确保设计的美观。

（4）色彩的基本原理和搭配规则，选择适合工业时代和生态环境主题的色彩组合，以表达设计的意义和情感。

（5）选择丝巾的印染技术和工艺，确保设计能够在丝巾上得到准确和精美的呈现。

（6）目标市场的需求和趋势，通过市场调研和分析，确定设计的定位和特点，以满足消费者的需求和喜好。

【任务实施】

一、项目分析

"蝶变"主题丝巾设计为了给人一种丰满、完整、柔软和内聚的感觉。纹样造型上运用了玫瑰、桔梗、小苍兰、非洲菊等欧式花卉纹样并以复合的形式出现，中心及外框良莕纹样采用经典的C形、S形和涡旋状组合，同时，运用非对称的形式，呈现出富有动感的自由奔放而又纤细美丽、轻巧飘逸的样式，蜘蛛网、芯片、外框都以造型艺术的基本语言形式点线面表现，具有很强的概括性。

为了达到后现代主义美学特征，丝巾纹样用写实的线描技法描绘花朵外形及明暗面。主体蝴蝶、蜘蛛采用装饰画形式表现，用点线面的手法更程式化，强调节奏和韵律的表达，修饰主体的几何形的齿轮来带现代感，时尚感。

为了凸显古典与现代文化元素的差异和交融，自然与科技、过去与未来、现实与想象的结合，设计元素采用复古的莨苕纹边框体现了工业革命时代背景，蝴蝶和蜘蛛常与机械齿轮、钟表组合，机械是蒸汽朋克、赛博朋克的经典元素，背景是废弃芯片元素，表现出现代社会科技高度文明所呈现的状态。

二、项目调研

工业时代的纹理和色彩：可以参考废旧工厂的纹理和色彩，如铁锈、砖墙、铁皮等。这些素材可以用于丝巾的背景或图案设计，营造出工业时代的氛围。

蒸汽朋克美学的机械元素：可以使用齿轮、钟表、蒸汽机等机械元素作为丝巾的图案设计。这些元素可以表现出蒸汽朋克美学的特点，增加丝巾的独特性。

赛博朋克美学的元素：可以使用芯片、电路板、金属蜘蛛等赛博朋克美学的元素作为丝巾的图案设计。这些元素可以增加丝巾的未来感和科技感。

维多利亚美学的华丽和复古感：可以使用蝴蝶、非洲菊、洋桔梗等维多利亚美学的元素作为丝巾的纹样设计。这些元素可以增加丝巾的华丽感和复古感。

陆晓聪在调研素材时，通过搜索相关的图片、参考设计师的作品、观察市场上已有的类似产品等方式来获取灵感和素材。同时，也参考了相关的艺术品、电影、文学作品等来获取了更多的设计灵感（图2-3-25）。

图2-3-25 丝巾设计素材调研

任务二 设计元素的表现

【任务导入】

陆晓聪设计师首先进行了素材调研,寻找了与工业时代生态环境相关的图案和元素。他调研了一些废旧工厂的照片,其中有铁锈、砖墙、铁皮等纹理和色彩,这些可以用于丝巾的背景设计。此外,他还找到一些关于环境保护的图片,如绿色的植物、清澈的河流等,这些可以用于丝巾的图案设计。基于这些素材,陆晓聪开始手绘丝巾的图案。他决定将废旧工厂的纹理和色彩与环境保护的元素结合起来,以表达对工业时代生态环境的矛盾和关注。他设计了一个纹样,将废旧工厂的纹理作为背景,然后在上面添加了金属蜘蛛和花卉植物,形成了对比鲜明的丝巾纹样。

【知识要点】

"蝶变"主题的丝巾设计元素的手绘和计算机辅助设计知识点包括:

(1)工业时代对生态环境的影响,包括空气和水污染,以及生态保护的重要性。

(2)蝴蝶的形态、翅膀纹理、颜色等特征。

(3)工业时代的机械设备、工业产品等元素造型特点,以及与蝶形象的有机结合。

(4)设计元素数字化处理和编辑。

【任务实施】

一、设计素材的手绘表现

设计灵感及素材调研完成之后,陆晓聪就开始进行设计元素的表现,他首先使用铅笔工具对花卉元素进行表现,用线条准确地表现出花卉的造型特征,起伏关系,前后关系,线条一波三折的美感,在花卉体积的塑造方面适当使用明暗表现的方法在花卉、工业齿轮和蝴蝶的组合表现过程中,考虑三者之间的造型和表现手法的和谐与统一(图2-3-26)。

图2-3-26 设计素材的手绘表现

二、计算机辅助线稿绘画

陆晓聪打开PhotoShop绘图软件，创建了一个新的画布，确定画布的尺寸和200像素以上的分辨率。使用绘图工具，在画布上绘制花卉和机械蝴蝶的基本形状，可以使用直线、曲线、圆形等基本形状工具。根据手绘花稿，使用绘图工具添加花卉和机械蝴蝶的细节和纹理。在基本形状和细节的基础上，进一步完善细节和构图，确保设计的美观。将设计导出为适当的文件格式，如JPEG、PNG等，保存设计文件以备后续使用（图2-3-27、图2-3-28）。

图2-3-27　设计素材的计算机辅助线稿绘画

图2-3-28　设计素材的计算机辅助线稿完成

任务三　计算机辅助纹样色彩设计

【任务导入】

陆晓聪坐在公司设计室的计算机前，眼神专注于自己的手绘作品。看着这些工业时代生态环境下的设计素材纹样，感叹工业化进程带来的环境污染、生态系统破坏对人类的危害。然而，他也看到了一线希望，那就是人们对于环境保护的日益重视和行动。陆晓聪深深地吸了一口气，决定让这个"蝶变"主题的纹样色彩设计更加富有意义。他相信，金色的蝴蝶作为生态系统中的重要指示物种，能够象征着环境的变化和生态的复苏。他希望通过这个设计，能够唤起人们对于环境保护的意识，激发他们积极参与到环境保护中。陆晓聪开始思考如何利用计算机辅助设计来实现这个目标。他打开了设计软件，将完成的一张蝴蝶线稿作为基础素材。然后，他开始对线稿进行着色，调整蝴蝶的形状和颜色，使其更加艺术化和富有创意。

【任务实施】

一、机械蝴蝶与花卉的色彩设计

基于工业时代生态环境思考下的丝巾文创产品，设计主调是以金属色、杨桃黄、日落黄、黑色为主色调，其中又有棕褐色、白墨色、月桂叶色、鼠尾草叶色等颜色为点缀色，高明度低纯度对比色碰撞出一种奢华、优雅、叛逆感。色彩搭配符合2023年的色彩流行趋势（图2-3-29）。

图2-3-29　机械蝴蝶与花卉的色彩设计

二、丝巾外框及内部圆形花环的色彩设计

外框设计为黑色底色，可以给整个设计增加一种高贵、稳重的感觉。黑色也能够突出金色花环的亮度和华丽感。金色花环可以在黑色底色上形成鲜明的对比，给整个设计增添一种奢华和光彩。金色也能够象征着财富、荣耀和成功，突出丝巾的高贵和华丽感，同时也能够与"蝶变"纹样主题相呼应（图2-3-30）。

图2-3-30　丝巾外框及内部圆形花环的色彩设计

三、纹样细节的刻画

首先将选定的参考图像导入 Photoshop 软件中，使用"文件"菜单中的"打开"选项来导入图像。然后在图层面板中点击"新建图层"按钮，创建一个新的图层用于绘制细节。选择画笔工具，调整画笔的大小和硬度，开始绘制细节。使用矩形选框工具、椭圆选框工具等不同的画笔形状和笔刷效果来模拟花瓣、叶子、线条等细节。使用选区工具创建选区，然后使用填充工具或渐变工具填充选区，以添加颜色和纹理。在图层面板中选择图层，然后点击"图层样式"按钮，可以添加阴影、描边、渐变等效果，增强细节的立体感和质感。在菜单栏中选择"滤镜"选项，使用模糊、锐化、扭曲等各种滤镜效果来调整细节的外观。使用"图像调整"选项可以对图像的亮度、对比度、饱和度等进行调整，使细节更加鲜明。最后保存和导出，完成细节刻画后，点击"文件"菜单中的"保存"选项，将文件保存为 PSD 格式，以便后续编辑。也可以导出为其他格式（如 JPEG、PNG），选择"文件"菜单中的"导出"选项（图 2-3-31）。

图 2-3-31 丝巾外框及内部圆形花环的细节设计

四、纹样调整完成

调整位置和大小：使用移动工具和变换工具，将花卉、机械蝴蝶、金属蜘蛛等设计元素调整到丝巾中心部分，将装饰花环、画框设计到外围合适位置。可以通过拖动图层或者使用箭头键微调位置，使用变换工具调整大小和旋转角度。

修改颜色和纹理：使用调整图层样式、图像调整和滤镜效果等工具，对花卉、机械蝴蝶、金属蜘蛛等设计元素的颜色、亮度、对比度和纹理进行调整，使其与丝巾外围装饰花环、画框的颜色和纹理相协调。

调整透明度和混合模式：使用图层面板中的透明度和混合模式选项，调整花卉、机械蝴蝶、金属蜘蛛等设计元素与丝巾外围装饰花环、画框的透明度和与背景的混合效果。

添加或删除元素：根据需要，可以增加丝巾底纹的集成线路板纹样，使画面更具层次感。也可以删除不需要的元素，以简化设计或突出重点。

进行局部修饰和修复：使用修复工具和修补工具，对花卉、机械蝴蝶、金属蜘蛛等设计元素进行局部修饰和修复。可以去除不需要的瑕疵或修复细节的边缘，使其更加完美和精细（图2-3-32）。

图2-3-32　调整完成的丝巾纹样

任务四　应用效果图设计

【任务导入】

陆晓聪坐在办公室的计算机前，手指轻轻敲击着键盘，眼睛盯着显示屏上的女性人物头像。他正在为"蝶变"主题的丝巾纹样应用效果图设计任务做准备。他已经完成了项目的色彩设计，现在需要将这幅设计完成的丝巾纹样应用到丝巾效果图中。他打开了设计软件，开始思考如何将这些元素与女性人物头像相融合。

【知识要点】

丝巾应用效果图设计的知识要点包括以下几个方面：

（1）设计软件的基本操作，素材导入调整和编辑。

（2）不同的设计元素在丝巾中的融合设计。

（3）对丝巾效果图设计细节的修饰和修复。

【任务实施】

一、下载戴有丝巾的女性头像

打开常用的搜索引擎，搜索适合的图片。点击图片进行预览，选择适合的图片后，右键点击图片，选择"保存图片"或类似选项，在弹出的对话框中，选择想要保存图片的位置，并为图片命名，点击"保存"按钮，图片将被下载到选择的位置（图2-3-33）。

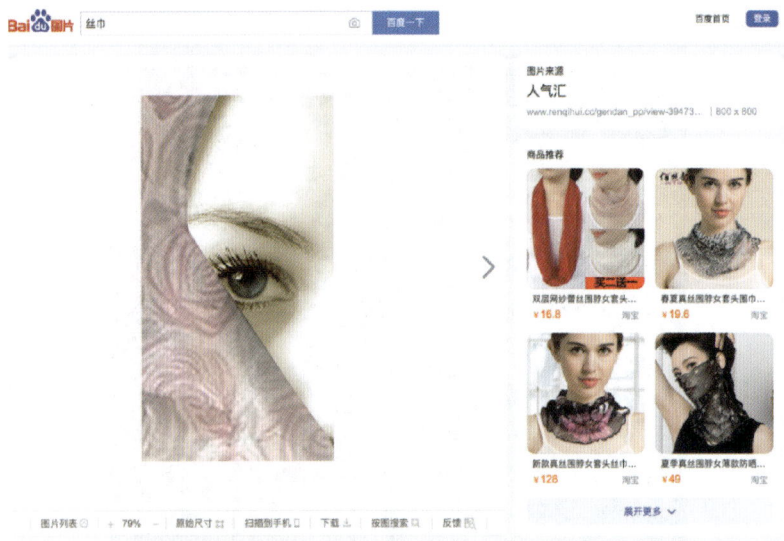

图2-3-33　下载戴有丝巾的女性头像

二、计算机辅助设计为单色可贴图图片

将下载的图像导入Photoshop。在图像处理软件中，使用选择工具（如矩形选择工具或套索工具）选择丝巾上的花纹区域。使用图像处理软件的魔棒工具或魔术橡皮擦工具，将丝巾花纹区域与背景分离，修改至单色，使用图像处理软件的亮度/对比度调整工具，加强图像的亮度和对比度，方便贴图使用（图2-3-34）。

图2-3-34　下载图像修改至单色

三、丝巾纹样的贴图设计

将选定的女性头像导入Photoshop图像编辑软件中，调整图像大小和位置，根据需要，使用图像编辑软件的缩放、旋转和移动工具，调整女性头像的大小和位置，使其适应设计区域。将选定的丝巾纹样导入图像编辑软件中，并将其放置在女性头像上方。使用图像编辑软件的缩放、旋转和移动工具，调整丝巾纹样的大小和位置，使其与女性头像相匹配。根据需要，使用图像编辑软件的透明度工具，调整丝巾纹样的透明度，使其与女性头像丝巾区域融合。调整图像色彩和对比度，使用图像编辑软件的色彩和对比度调整工具。调整丝巾纹样的色彩和对比度，使其与女性头像更加协调。将处理后的贴图设计导出为常见的图像格式，如JPEG、PNG或TIFF，以便在其他设计软件中使用（图2-3-35）。

图2-3-35 丝巾纹样贴图设计

任务五 "蝶变"题材文创产品的拓展与应用

【任务导入】

陆晓聪经过精心地设计和调整，终于完成了一套独特的丝巾纹样方案。他考虑到这些纹样可以应用在帆布袋、纸杯、包装盒、便签、徽章、鼠标垫、口罩和笔记本等各种文创产品上，为它们增添艺术氛围和个性化特点，于是开始了新的设计尝试。

【知识要点】

（1）纹样在帆布袋、纸杯、包装盒、便签、徽章、鼠标垫、口罩、笔记本等不同种类文创产品上的应用。

（2）纹样提升产品的市场竞争力，吸引消费者的购买欲望。

【任务实施】

首先，陆晓聪将纹样应用在帆布袋上（图2-3-36）。他选择了白底金色和黑底金色作为主色调，使得帆布袋更加时尚和与众不同。当人们背着这样一款帆布袋时，不仅能够搭配各种服装和场合，还能够展现自己的个性和品位。

图2-3-36　纹样应用在帆布袋上

接着，陆晓聪将纹样应用在纸杯和包装盒上（图2-3-37）。他在纸杯的外壁和包装盒的表面印上了丝巾素材纹样，使得产品更加精致和高级。无论是在咖啡店享用一杯咖啡，还是在购物时拿到一份精美的包装盒，这些纹样都能够吸引人的眼球，增加消费者的购买欲望。

图2-3-37　纹样应用在纸杯和包装盒上

此外，陆晓聪还将纹样应用在光盘和徽章等小型文创产品上（图2-3-38）。他选择了细腻的线条和精致的丝巾图案，使得这些产品更加精美可爱。无论是写下重要的备忘录，还是收藏喜爱的音乐碟片，这些纹样都能够为产品增添艺术感和独特性。

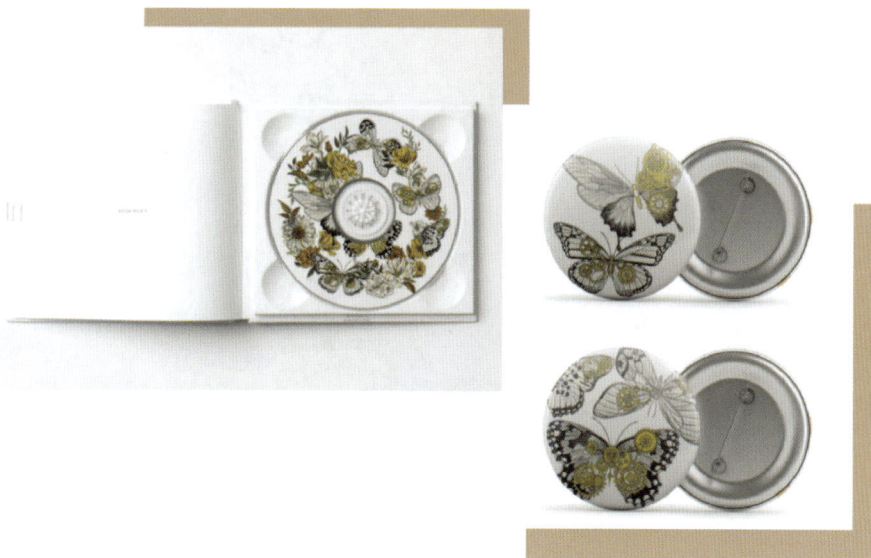

图2-3-38　纹样应用在小型文创产品上

最后，陆晓聪将纹样应用在鼠标垫、口罩和笔记本等日常用品上（图2-3-39、图2-3-40）。他选择了鲜艳的金色和独特的丝巾图案，使得这些产品更加时尚和个性化。无论是在办公室使用鼠标垫，还是戴上一款精致的口罩，这些纹样都能够吸引人的眼球，增加使用者的喜爱度。

图2-3-39　纹样应用在鼠标垫上

图 2-3-40　纹样应用在口罩和笔记本上

通过陆晓聪的设计方案，丝巾纹样成功地应用在帆布袋、纸杯、包装盒、便签、光盘、徽章、鼠标垫、口罩和笔记本等文创产品上。这些产品因为纹样的加入，不仅增添了艺术氛围和个性化特点，还提升了产品的美感和品质感，吸引了消费者的注意力，增加了产品的市场竞争力。

◎ **习题**

1. 在设计服饰及文创产品的印花面料纹样时，应该考虑哪些因素？

2. 在设计印花面料纹样时，如何体现服饰及文创产品的特点和品牌形象？

3. 在设计印花面料纹样时，如何平衡创新和市场需求？